高等学校一流本科专业建设教材

高等院校设计学类专业系列教材

# 室内软装饰设计

Art
and
Design

陈高明　蒋　琨　编著

董　雅　主审

化学工业出版社

·北京·

## 内容简介

本书立足于室内设计行业发展趋势，以努力培养造就一流创新人才、大国工匠为引领，针对新时代室内软装饰应用型人才培养需求而编写。全书分7章详述室内软装饰的概念、意义、文化含义、发展流变、空间特性、构成元素、材质与色彩、原则与方法，并进行课题案例分析。书中一方面通过时间轴与地域轴的综合，详细求证了室内软装饰的发展历史、发展脉络以及发展趋势；另一方面，从物质性与精神性等层次阐述室内软装饰的营建方法。本书理论与实践相结合，将设计实例融入设计理论，构建起室内软装饰相关知识与技能的整体框架。为便于数字化教学，本书配套课件、课程教学大纲，可登录化工教育网注册、下载。

本书适用于高等院校环境设计、室内艺术设计、展示艺术设计、公共艺术设计等专业教学，也可作为室内装饰、景观设计等行业从业者的参考读物。

**图书在版编目（CIP）数据**

室内软装饰设计/陈高明，蒋琨编著. —北京：化学
工业出版社，2023.9
高等学校一流本科专业建设教材　高等院校设计学类
专业系列教材
ISBN 978-7-122-44022-8

Ⅰ.①室…　Ⅱ.①陈…②蒋…　Ⅲ.①室内装饰设
计-高等学校-教材　Ⅳ.①TU238

中国国家版本馆CIP数据核字（2023）第153262号

责任编辑：张　阳　　　　　　　　装帧设计：溢思视觉设计／程超
责任校对：刘曦阳　　　　　　　　　　　　　　E-mail: isstudio@126.com

出版发行：化学工业出版社（北京市东城区青年湖南街13号　邮政编码100011）
印　　装：天津市银博印刷集团有限公司
787mm×1092mm　1/16　印张10　字数228千字
2024年3月北京第1版第1次印刷

购书咨询：010-64518888　　　　　售后服务：010-64518899
网　　址：http://www.cip.com.cn
凡购买本书，如有缺损质量问题，本社销售中心负责调换。

定　　价：69.80元

# 前言

　　用"十年磨一剑"这个词来形容本教材的编著与出版，笔者觉得是再合适不过的了。早在10年前，也就是2013年，由笔者的博士生导师、天津大学建筑学院环境设计系主任董雅教授召集的，国内50余所院校参与的"全国创新教材研讨会"中，恩师就嘱笔者写一本关于室内环境细部设计的著作。但因当时笔者主要的教学重心在室外环境设计方面，所以写作的主要精力就放在了室外环境领域，撰写室内环境细部设计的想法就此搁置了。恰好2020年化学工业出版社的张阳老师委托笔者撰写一本有关"室内陈设"或"室内软装饰"方面的教材，这与笔者的夙愿不谋而合。无论是"室内陈设设计"，还是"室内软装饰设计"都属于室内环境细部设计的范畴，也正好是笔者的研究方向之一。在经过一番调研、思考，并与编辑老师商讨之后，我们最终将这本教材的名称确定为"室内软装饰设计"。

　　"室内软装饰设计"是一门古已有之的学问，且一直伴随着人类的人居环境营建过程。古今中外都很重视软装饰设计，诸如文艺复兴时代阿尔伯蒂的《论建筑》，约翰·拉斯金的《建筑七灯》以及我国明代文震亨的《长物志》清代李渔的《闲情偶寄》等都有很多关于室内软装饰设计的论述。在教育界，我国二十世纪八九十年代由原中央工艺美术学院（现清华大学美术学院）环境设计系张绮曼、郑曙旸老师主编的《室内设计资料集》和潘吾华老师编著的《室内陈设艺术设计》可以说是开启了我国当代室内软装饰设计的先河。此后的几十年间，各院校环境设计专业也相继开设了"室内陈设"方面的课程。随时代的发展，人们对生活空间的艺术性、文化性和精神性需求也在不断增强，而由于"室内陈设"设计的重点在于强调陈设的物质性，较少关注陈设的文化性和精神性及空间的意境性，致使有些室内陈设虚有其表，无法营造出"形神兼备""文质彬彬"的空间环境。室内陈设的概念已经不能完全涵盖当前室内细部设计的全部，这就需要一种新的形式和理念来补充完善它，所以"室内软装饰设计"的概念也就应运而生。直到近些年一些院校的环境设计专业才顺势而为地把它作为一个单独的专业方向或课程独立开设。

"室内软装饰设计"不仅重视室内装饰品的物质性,同时也注重它的精神性、文化性,是秀外慧中、表里如一的综合性细节设计。"室内软装饰设计"追求的是室内环境的内外兼修,因而备受当代室内设计行业的推崇,并在一定程度上助推了当今"轻装修重装饰""轻形式重意境"的室内设计思潮。但我们也应该注意,"室内软装饰设计"不是搞形式主义,更不能落入"金玉其外,败絮其中"的陷阱,使室内设计走上一条追求"错彩镂金、雕绘满眼"的不归路。若要使"室内软装饰设计"获得可持续发展,就必须重视室内软装饰的"形质统一""形与神俱",不可偏废一方。即从艺术、文化入手,强调室内空间的意境、情趣和品质。另外,随着科技的发展,特别是以互联网为基础的智能技术的发展,室内软装饰设计也要与时俱进,利用这些新技术、新科技,让科技为生活服务,使新时代的"室内软装饰设计"能真正构建以"艺术为肤、技术为骨、文化为魂"的"艺术与技术相统一"的空间。

本书由陈高明、蒋琨编著,董雅主审。在出版之际,要着重感谢我的研究生马珊、崔璨、张雨亭和杨亚男为本书出版所做的努力和付出。另外,本书所选的插图除作者自摄、自绘的,来自国内外公共版权网站的,以及自购的商业图片之外,还引用了一些不具设计师和设计单位名的作品,因这些图片版权所有者联系方式不详,无法取得联系,如若介意,请附相关版权所有证明与作者或出版社联系。本书的观点只是一家之言,如有谬误之处,敬请各位同道、师长不吝赐教,以便在未来的研究中进一步改进、完善。

陈高明

于北洋园

# 目录

# Contents

## 3

## 室内软装饰设计的空间特性

# 绪 论

# 软装，一个并不新鲜的新词汇

室内软装饰并不是一个新鲜的事物，词汇虽然较新，但发展历史却很悠长。早在西方拜占庭、哥特式、文艺复兴、巴洛克、洛可可、工艺美术运动、新艺术运动风格及我国汉、唐、宋、明、清时期的室内装饰中就已经发展得日臻成熟，在家具、灯具、瓷器、陶器、雕塑、绘画等方面甚至达到了登峰造极的程度。软装饰作为室内设计中必不可少的组成部分，近代以来，随着室内设计的深入发展以及人们生活水平的提升，愈加被人们重视。软装饰的介入，让室内空间俗中有雅，平中见奇，常中见鲜，朴中见色。为平庸的室内空间注入了灵魂，正所谓"寻常一样窗前月，才有梅花便不同"。由此可见，未来的室内设计必将是属于软装饰的时代。

当人们谈到软装饰时，首先想到的是陈设艺术，脑海中会浮现出典雅的家具、柔软的沙发、考究的座椅。实质上室内软装饰设计与室内陈设艺术既有相同之处，亦有不同之处。相同之处在于二者都包含功能性和观赏性（装饰性）的内容，如家具、灯具等属于功能性装饰，雕塑、字画、工艺品等属于观赏性装饰。二者的不同之处在于软装饰设计是陈设艺术的升华版，它的概念比陈设艺术更为宏大和全面，是物质性与精神性的统一。它的介入改变的不仅是人们的生活方式、行为方式，更是对生活的态度和品质。

# 居室，如何安放我们的生活

伴随社会的发展、技术的进步以及生活条件的提升，人们居住的空间越来越大，室内的物品越来越多、越来越豪华、越来越智能。从这些表象看上去，这样的居住空间的确很壮观、也很令人自豪，甚至令人热血沸腾。但这繁华的表象却掩饰不住空间精神的衰微、文化的消亡以及品质的匮乏。面对着一个个形象雷同、毫无个性的室内装饰，缺乏艺术性的环境设施，没有细节的工艺品，人们不禁要问：这就是我们需要的室内空间吗？室内，该如何安放我们的生活？

郑板桥有言："室雅何须大，花香不必多。"这一居住理念依然适用于今天的情况。即宜居的室内空间不在大，而在精；不在奢，而在雅。从室内设计的历史来看，影响室内形象和决定生活品质的因素不在于空间的大小与豪华程度，而是在于它对人们生活品质的关注。室内之于居住者，不只是地面、墙面、天花板，还有有血、有肉、可触、可感、可赏、可品的丰富肌体。为居住者营建一处清幽洁净并充满艺术魅力的环境，让生活在其中的人们能在不经意间就享受到山林之乐和艺术之美，这才是人们需要的室内设计。所以，室内空间的设计要走出追求形式主义的误区，回归到关注生活的本体中来，以人们的品位、健康、安全和福祉为核心，使每个人都有一个安全的家，能过上有尊严、健康、安全、幸福和充满希望的美好生活，这才是宜居室内的本质。

# 软装，改变生活

衡量一处室内空间是否宜居，不仅要看它的整体环境，还要看它的细部设计。整体环境是细部设计的载体，细部设计代表整体环境的价值取向，二者的协调统一、相得益彰是实现"诗意栖居"的标志。

宋代画家郭熙在《林泉高致》中说道："世之笃论，谓山水有可行者、有可望者、有可游者、有可居者，画凡至此，皆入善品。但可行可望不如可居可游之为得，何者？观今山川，地占数百里，可游可居之处，十无三四，而必取可居可游之品。"何谓"可居可游之品"？"丘园，养素所常处也；泉石，啸傲所常乐也；渔樵，隐逸所常适也；猿鹤，飞鸣所常观也。尘嚣缰锁，此人情所常厌也。烟霞仙圣，此人情所常愿而不得见也。"从郭熙的画理画论中，也可以窥探出一种室内软装饰设计的思想，即一个符合"诗意栖居"的空间应如同一幅山水画一样，要具备"可游性"、"可观性"及"可居性"。今天大多数室内设计又是如何呢？正如郭熙所言"观今山川，地占数百里，可游可居之处十无三四"。原因何在？一方面，在国际化、全球化思潮的冲击下，很多设计师一直努力地学习西方的现代室内设计形式与设计方法，几何形式的风格、工业化的操作手段，造就了一个个形象雷同、面目苍白、既无内涵亦无生机的室内空间。

我们需要一个什么样的室内空间呢？宋·欧阳修在《辨左氏》中说："夫君子之修身也，内正其心外正其容而已。"室内设计也需同君子修身一样要内外兼修，兼顾整体环境与细部设计的和谐统一。密斯曾说："整体是能力，细部是艺术。"装饰艺术是室内空间的精髓和灵魂，它不仅决定着室内环境的空间品质，同时还影响着居住者的生活品质。从室内设计的历史来看，软装饰对于塑造空间形象，提升空间品质，改善空间环境，增强居住者的自豪感、荣誉感均具有重要作用。文艺复兴、巴洛克、洛可可等风格的室内，以及北京故宫、江南园林等的室内处处充满了软装饰。徜徉在这些空间之中就如同置身艺术的殿堂，如醍醐灌顶，让人陶醉，一股热爱之情也会油然而生。

# 归真，未来软装的趋势

### （1）正本清源、正视传统

国际化思潮作为一股莫之能御的趋势，是20世纪以来人类最大的文化特征。这场运动影响到世界各地具有浓厚传统文化积淀的国家，并使这些国家或多或少、或快或慢地从传统文化的藩篱中走出来，逐渐背离了世代承袭的基本文化取向和传统价值体系，致使传统文化的认同感与归属感走向衰微乃至崩溃。中国作为一个有着数千年历史的国家，在这场思潮中也未能幸免。我们的传统文化被国际化思潮荡涤得几乎所剩无几。近年来，国家层面大力倡导发扬和传承优秀传统文化，直接带来了传统文化的复兴。传统文化和传统装饰艺术由于本身所具有的精致、典雅特点而受到了各阶层的追捧。在当代室内设计中，把传统装饰艺术形式的精华经过提炼、变形、转译之后与现代设计相结合，在注重古典积淀的同时又突出文化性、艺术性、时代性、科技性将会逐渐受到人们的青睐。

（2）重塑自信、回归民族

哈佛大学教授亨廷顿在《文明的冲突》中说，当一个国家的现代化程度发展到一定阶段的时候，必然要召唤自己的传统文化和民族精神。近年来室内设计界兴起的这股回首历史，从民族文化中建构未来的设计思潮，即是对复兴民族文化和本土文化的回应。一方面，我国当前的经济、社会已发展到一定高度，需要通过设计这种形式来建立地域认同感和培育民族自豪感。另一方面，受国际化思潮的影响，当代室内设计淡化了本土文化和民族传统，导致设计风格苍白、单一，这也引起了很多学者和设计师的反思。从室内软装饰设计的发展来看，任何国家或地区都不能脱离本土文化的根基。丢掉本民族的设计必然成为无本之木、无源之水。正如鲁迅先生所说："只有民族的，才是世界的。"民族形式中蕴含的文化因子是本土文化观念的承载，是现代软装设计的母体和动力之源。融合民族文化和本土风格的设计是软装饰设计发展的大势所趋。

（3）改变观念、健康为本

"绿色、生态、自然"是当代设计的三大理念，软装饰设计作为设计的一种形式，当然也不会例外。就当代软装饰的评判而言，优劣与否不能只看其视觉美感、舒适程度，还要探查它与人和环境的整体效益，即软装设计在材质上必须做到"上下、内外、大小、远近皆无害"才可以。因为人与自然的关系不存在单赢，只有共赢，所以，在软装饰设计过程中要从构建命运共同体的角度出发，明确树立有利于保持人－物－环境共同体完整、稳定与美丽，以及有利于重建人与环境亲和、友善关系的观念。只有观念正确了，才能引领正确的设计方向，进而促进人们幸福生存、永续发展的美好愿望从理想走向现实。在软装设计中，尽量利用来自自然的、没有任何污染的物品，如植物、纺织品、木材、金属等。通过合理搭配、精心设计把居室营造成人与自然和谐共处、利而不害的健康、和谐环境，将是未来室内软装饰设计最重要的发展趋势。

# 室内软装饰设计综述

# 1

学习目标

1. 建立起室内软装饰设计的基本观念。

2. 了解室内软装饰设计与人、与文化的关系。

3. 具备从事室内软装饰设计的基本素养。

# 1.1　室内软装饰设计概述

## 1.1.1　室内软装饰的概念

软装饰并不是一件新鲜的事物,实则古已有之。只是近些年才作为一个学术概念被提出来。溯其根源,软装饰设计具有漫长的历史。它是与人类居住环境的发展相伴而行的,只不过由于早期的人类在居住方式上更多的是追求物质生活,而精神生活多半是受到抑制的。因此,室内软装饰的形式被淡化了。随着社会的发展,人类物质生活逐渐富足,才开始有了对精神追求的欲望。诚如墨子所说:"食必常饱,然后求美;衣必常暖,然后求丽;居必常安,然后求乐。为可长,行可久,先质而后文,此圣人之务。"长期以来,在居住方面人们所追求的不仅是身体方面的舒适,更有精神方面的愉悦。这一点从东西方室内设计发展的历史就可窥其一斑。无论是古典主义风格,还是现代主义风格;无论是错彩镂金、雕绘满眼的形式,还是初发芙蓉、自然可爱的形式,人们对室内装饰的热度从未减弱过。只不过人们对这种追求已经习以为常了,因而产生一种"日用而不知"的感觉。也正是这种根植于人们内心的感觉,催生了近些年来在室内设计领域兴起的"轻装修、重装饰"的思潮。这种"重装饰"在本质上就是注重软装饰。"注重软装,提升品位"将是室内设计未来的主流思潮,并将一直持续下去。

软装饰作为室内设计的延续与空间的升华,是指室内空间中的可移动、灵活性较强的装饰性物品,其概念是相对于"硬装修"而言的。硬装修即室内空间中的围合面,具有不可移动、无法轻易改变的特点。狭义上的软装饰是以纺织品、植物为主的软性材质制作而成的物品。广义上的软装饰则包括家具、织物、装饰品、灯具、植物、软隔断等。本书从广义的角度探讨室内软装饰(图1-1)。

> 图1-1　室内软装饰(1)

软装饰中"软"的涵义不局限于材料质地的柔软特性。我们常提到的"软件""软实力"等概念，侧重于非物质性的文化、精神、品质等层面。如"软实力"指在国际关系中，一个国家所具有的除经济及军事外的第三方面实力，主要是文化、价值观、意识形态及民意等方面的影响力。在软装饰的概念中加入文化、品质层面的理解将更为全面。

## 1.1.2 室内软装饰与人的关系

室内设计中，软装饰的设计是十分重要的。软装饰与人的关系最近，在设计中与人的需求紧密贴合。从人的需求出发，室内软装饰一方面要满足人的物质生活需要，一方面要满足人的精神生活需要。

首先，软装饰要满足人的基本生活需要，人在室内的居住、休息、娱乐、就餐等需要基本的家具配合。另外，一些软装饰例如窗帘、布艺、灯光、色彩和其他各种细节决定着人在室内的具体感受与体验（图1-2）。所以在进行软装饰设计时，要从最基本的室内环境设计出发。

① 合理的室内空间划分，是最基本的要素；决定着人在空间中活动的需要，不合理的布置会造成空间利用率低下，人的行动受阻。

② 适用的家具尺度与形态。家具的设计与人息息相关，人体尺度决定家具的合理尺度，并且不同人群的人体尺度与行动方式各有不同，需要依据使用者具体设计。

③ 舒适的光环境设计。室内光环境的设计是人们在室内正常活动的前提，人在黑暗中需要有舒适的光亮才可以学习与工作。一般要求是没有眩光，色温适中。另外，光环境的设计对人的心理健康也有重要影响。

> 图1-2 室内软装饰（2）

其次，软装饰要满足人的精神生活需要。室内的整体视觉环境设计能提升室内品位，给人以愉悦的精神享受。

① 色彩设计。和谐的色彩反映着一处空间的主要特征。不同的色彩可以带给人不同的心理感受。

② 陈设装饰设计。一些雅俗共赏的陈设品会对空间起到锦上添花和画龙点睛的作用。例如在室内设计中，案台上常常摆放枯枝、花卉形成宁静典雅的氛围。

③ 室内艺术氛围布置。室内艺术品的布置会让室内拥有丰富的艺术表达，例如装饰画、工艺品在室内的放置，可以在很大程度上提升居住者的艺术享受（图1-3）。

> 图1-3 室内艺术品

④ 心理与生理健康设计。人天性便亲近自然，将一些绿植引入室内会使人们保持良好的心情，也能促进人们的健康。例如绿色植物不仅可以缓解视疲劳，净化室内空气，也可以提高室内湿度，营造舒适的微环境。灯光设计方面，在满足基础照明需求的同时，可以考虑灯光的氛围，不同的灯光设计能够营造不同的空间氛围与空间意境，会给人以不同的视觉和心理感受。

# 1.2　室内软装饰设计的意义

## 1.2.1　营造高品质的室内环境

每个人都有向往美好宜居生活环境的要求，正如海德格尔诗句所言："人们期望诗意般栖居在大地上……"有尊严的、惬意的栖居在这个大地上是人们共同的愿景。所以现在室内装修工程完成之后都会进行相应的软装饰设计，以求营造出高品质的居住环境。"高品质"从人的角度理解，是指一个人超越庸俗、与众不同的品位，是其品德、趣味、情操和修养的展现。软装饰的品质是人的这些综合素质的视觉化呈现，可以通过各种陈设品的选用、摆放来实现。不同陈设品的挑选、摆放方式及其涵义、象征等体现出不同甲方和设计师的审美品位与文化修养。高品质的室内软装饰设计往往是由甲方与设计师的文化水准、审美品位和情趣爱好等因素共同决定的。

室内软装饰设计使空间保持协调与整体性。其中室内家具、织物、陈设品等通过设计师的精心设计，能达到艺术与技术的统一，运用独特的艺术搭配手法会营造出具有美感的氛围。例如，图1-4所示的咖啡馆设计采用超现实主义手法，营造了一处水上白色花园。白色轻盈的金属网格作为室内主要的艺术装置，如同飘带一般在室内空间流动，配合透明的玻璃，增加了空间的梦幻感。在这些装置中也有丰富的植物设计，突出了白色花园的主题，将绿色植物采用悬挂或者在座椅旁栽种等方式增加人与自然接触的机会，并且也有一些绿植的艺术造型设计，在室内采用这种艺术装置构造出的梦幻美好的室内环境极大地提升了咖啡馆的品位。

> 图1-4　超现实主义风格咖啡馆室内软装饰

另外室内灯光的布置，也可以营造出不同的室内气氛。通过灯光的明暗冷暖对比会有不同的室内设计语言产生，各类型并无高下之分，仅仅体现着室内使用者的个人品位差异。一般灯光的布置有两种方式：① 通过对灯具的设计，使其自身具有一种艺术风格，这样的个性风格本身就是一种艺术表达；② 通过灯具所散发出的灯光范围、冷暖等来塑造室内气氛，比如室内储酒柜内侧的灯带设置，显示出一种独特的品位（图1-5）。

> 图1-5　室内灯具与灯光

## 1.2.2　营造宜人的室内环境

宜人的室内环境让人使用时身体舒适、心情愉悦，有利于促进身心健康。室内的灯光设计、家具的舒适程度、整体色彩的合理性，甚至包括室内的香味等都对人有很直接的影响。在对室内进行设计时不仅要注意人身体舒适的程度，也要注意人心理的感受变化。例如可以在室内摆放一些香薰蜡烛或精油香薰机等香薰物品（图1-6）。这些由调香师所精心搭配出来的气味，馨香四溢、沁人心脾，身置其中会使人心情愉悦。而灯光对宜人的室内环境的创造也起着至关重要的作用。首先从基本的健康方面来说，舒适合理的灯光布置，有利于人们眼睛的健康，有助于人们在室内进行各种活动。其次从室内氛围方面，不同的灯光设计塑造不同的室内氛围，而宜人的灯光会使人在室内心情更加愉悦。例如可以在餐桌上方采用局部照明方式悬挂一盏暖色的灯光，产生一种更加温馨的氛围，以利于家庭成员的互动交流。而在书房内可以采用局部打光的设计，照亮书桌范围，大多采用白光或冷光的设计，会使人头脑更加清醒，保持高效的工作、学习状态（图1-7）。

> 图1-6　室内香薰物品

> 图1-7　室内局部照明环境

　　另外，在人体尺度方面，要考虑使用人群的不同年龄层次、不同性别对于家具的需求。一些室内软装饰的细节可以反映出对人的关怀，比如在家具设计中，要注重家具是否符合人体尺度，尺度合理、软硬适宜、色彩统一的家具是室内设计的基本要求。在这样的基础上，依据使用人群的特殊需求，可以添加一些无障碍装置，如在厕所添加地面防滑装置，在沙发旁添加扶手等，这些细节既提升了美观性，又体现出对特殊人群的关怀。

# 1.3　室内软装饰设计的文化内涵

　　《论语·雍也》曰："质胜文则野，文胜质则史，文质彬彬，然后君子。"这是说若质朴（内涵）超越了文饰（装饰）就会显得粗俗，如果文饰超越了质朴就会显得浮夸。只有文饰与质朴相得益彰、表里如一才能成为谦谦君子。这虽然是说人事，但该理念同样适用于室内软装饰设计。理想的室内软装饰就如同一位风度翩翩的君子，不仅容貌姣好，且富有涵养，是秀外慧中、内外兼修的统一体。在当代室内软装设计领域，有一种较为消极的现象就是过于注重视觉形象的设计，设计师将精力更多地放在了表象上，通过色彩、造型、布局等手段力求获得富于美感的室内软装形式，特别是对软装风格的追求几乎达到了极致，反而忽略了对隐藏在视觉形式背后的内涵的表达。这也造成了今天很多室内软装形式有余而精神不足，表面虽然很华美但内涵却苍白空洞的现象。这也就是为什么有些室内软装乍一看"错彩镂金，雕绘满眼"，但实质上却是"金玉其外，败絮其中"。造成这种现象的原因虽然是多方面的，但深层次的原因不外乎两点。其一是受设计者本身文化素养的限制，设计者对文化的了解不深，或受急功近利思想的影响，不愿意花费精力去研究设计的文化涵义。其二是在软装设计中割裂了形式与内涵的联系，没有从整体性思维出发去充分认识二者是一体两面的统一关系。《孟子·告子下》曰："有诸内必形诸外。"也就是说，内涵要表现为外部形象，而外部形象也必然是内涵的体现。从对立统一的角度来说，任何本质都是通过现象表现出来的，没有不表现现象的本质，也没有不体现本质的现象。现象不能脱离本质，本质是现象的内在根据；本质不能脱离现象，现象是本质的外在表现。所以，在室内软装方面若要实现现象（文饰）与本质（内涵）的统一，做到形神兼备，就必须关注装饰背后的文化内涵。让文化引领装饰，室内环境才更具人文气息。有内涵、有品质的室内软装饰形式往往要综合考虑如下几方面的文化因素（图1-8）。

> 图1-8　富有内涵的室内软装

## 1.3.1　室内软装饰中的礼制

礼制指的是一种仪式和规范。特别是在"生活要有仪式感"的当代，注重设计的"礼制"又被重新提及。在室内软装设计中关注礼制并不是盲目复古，而是对生活的尊重，对传统的敬畏。我国是一个礼仪之邦，自古以来就十分重视礼仪、礼制和行为规范。礼制深深印刻在衣食住行用等生活的方方面面。从城市的布局与功能分区，宫廷建筑群的平面布置、院落布局与空间使用，到单体建筑的形制、装饰，再到室内陈设的空间形态，软装饰的色彩、纹样与寓意等所有与人们生活相关的内容都贯穿着礼制的思想。

《礼记·明堂位》中记载了天子所用之庙的装饰规格："山节藻棁，复庙重檐，刮楹达乡，反坫出尊，崇坫康圭，疏屏。天子之庙饰也。"建筑彩画亦有形式之分，从高至低依次为"和玺彩画""旋子彩画""苏式彩画"。这三种彩画运用的建筑有所不同，"和玺彩画"常以龙作为装饰纹样，一般用在宫廷建筑及室内；"旋子彩画"次之，用于非皇室的其他较高等级的建筑与内部；"苏式彩画"则多用于民间建筑。此外，斗拱、梁柱等建筑构件的造型和雕刻的主题、形态以及工艺也都有着不同的适用要求、适用场所。

器物方面也无时无刻不在体现着礼制。器物在以前有三个特性：礼仪性、实用性、美观性。中国古代的陈设品最初分为"礼器"与"用器"，分别承担着礼仪性功能与实用性功能，而礼器要比用器的等级更高。礼器的重要性和超然的地位使其必然注重形式美，即器物的美观性。即便礼器的美观性是人们所重视的，但礼仪性仍然具有不可动摇的地位。中国古时有大量礼仪性的器物。如青铜爵（图1-9），其设计造型与人饮酒时的姿势有着必然的关联，便

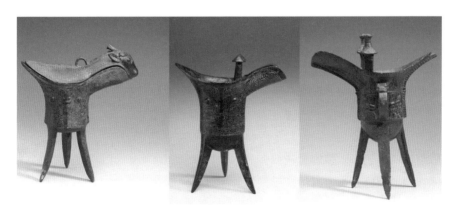

> 图1-9　青铜爵

于饮酒者遵循饮酒的动作礼仪。中国古代的椅类家具有许多不符合人体工程学的造型样式，存在椅面高、椅背过矮或过高过直、扶手低矮等现象，似乎在设计时没有将舒适性纳入考虑当中。事实上，座椅的不同造型也是礼制的表现。这样的座椅限制着人的坐姿，避免倚靠等不雅、无礼的姿势，因此人们只能采用正襟危坐的姿态，与礼仪性的要求相契合（图1-10）。

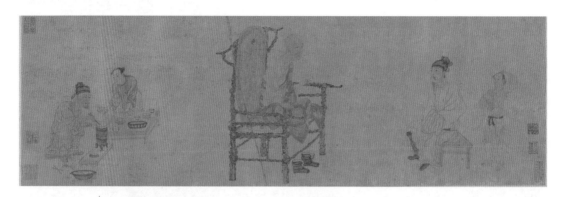

> 图1-10 古代的高矮家具

　　在室内软装饰设计中"礼制"的涵义除上述谈到的重视仪式感、秩序性之外，"克己复礼"也是礼制的重要内容。室内软装饰中所谓的"克己复礼"就是克制欲望，尽量减少对昂贵材质及豪华风格的欲求，让软装设计回归理性。在形式上尽量保持简淡朴素，以温馨舒适、雅致惬意为主。在当代室内软装饰设计中，有些使用者受"非壮丽无以重威"思想的影响，希望通过借助一些稀有的或珍贵的材料、艺术品等来衬托自身的高贵，但往往是事与愿违。李渔在《闲情偶寄》中曾说："窗棂以明透为先，栏杆以玲珑为主，然此皆属第二义；具首重者止在一字之坚，坚而后论工拙。尝有穷工极巧以求尽善，乃不逾时而失头堕趾，反类画虎未成者……一涉雕镂，则腐朽可立待矣。"他认为："凡人止好富丽者，非好富丽，因其不能创异标新，舍富丽无所见长，只得以此塞责。"所以，李渔在总结居室装饰时提出，"土木之事，最忌奢靡，匪特庶民之家，当崇俭朴，即王公大人，亦当以此为尚。盖居室之制，贵精不贵丽，贵新奇大雅，不贵纤巧烂漫""总其大纲，则有二语：宜简不宜繁，宜自然不宜雕斫。凡事物之理，简斯可继，繁则难久"。这也为我们从"克己复礼"的理念出发，为当代室内装饰从重装修轻装饰向轻装修重装饰的极饰反素的简约风格转变奠定了理论基础。

## 1.3.2　室内软装饰中的哲学

　　哲学是人们生活经验的总结，有着丰富的内涵，渗透于人们生活的各个方面，也必然会对作为生活载体的建筑、室内装饰产生重大影响。我国自春秋至近代以来形成了儒家、道家（包括黄老）等多元共生、异彩纷呈的哲学流派。这些哲学思想共同构成了后世的建筑与室内装饰设计哲学。

　　儒家思想是对建筑与软装饰影响最为深刻的哲学思想体系。我国传统建筑的样式、装饰语汇、空间布局、装饰细节处处蕴含着儒家思想，成为儒家思想文化的具象化体现。儒家思想注重仁、义、礼、智、信。"仁"强调人与人关系的和谐，"礼"树立了社会的礼仪规范与伦理观念，二者相辅相成，用以维护社会的稳定与和谐。"礼"的思想在建筑与软装饰中体现为严格的制度规范、系统化的建造与使用标准。"和"的思想也是儒家思想体系的核心，强调兼容与协调，使相对立的事物和谐统一。"中庸"思想是处事之道的指导思想，强调的是平衡的观念。"中庸"与"和"有相似的部分，都讲求以调和的方式让对立双方达到中和、平衡的状态。"中庸"与"和"的思想形成了建筑与软装饰艺术中以对称为美的审美观念（图1-11）。我国传统室内陈设布局、装饰纹样的构成形式绝大多数都是以对称的格局为基础的。

> 图1-11　对称性室内布局

道家思想与儒家思想有不同的方面，也有相通的理念。道家思想认为，"道"即世间真理与规律，提出了"道法自然"这一观念。其认为人作为自然的一部分，其行为要顺应自然、遵循自然规律。进而发展出"天人合一"与"师法自然"的哲学观念。这种观念就是今天"自然观"的肇始，对中国传统的建筑、园林以及室内软装饰产生了巨大的影响。当代的很多室内软装饰设计依然遵循这一设计观念。诸如可以在室内造景中通过模山范水或借景的形式引入自然元素，以达到人与自然的融合（图1-12）。这一理念又与当代的"生态设计"和"绿色设计"不谋而合。

> 图1-12　道法自然的室内软装饰

### 1.3.3　室内软装饰中的寓意与象征

审美寓意最初用于诗词、文章类文学作品当中，从字里行间营造出无穷韵味与言外之景。诗词文学的一大特点是"语少而意广"，用寥寥十几字或几十字表达深远的意境，这就需要用简短的语言创造广阔的想象空间和精神世界。用简洁的语言表达丰富的内容，用具有象征意义的意象来暗示真正要表达的内容，寓情于景、借物抒情。这样具有寓意性、象征性的事物可谓俯首皆是，如牡丹寓意富贵，梅花寓意坚韧，菊花寓意隐逸，等等。这种寓意文化在建筑与室内软装艺术中虽并不占主导地位，但却有画龙点睛的作用。匾额与楹联是审美寓意的主要表现形式。古人习惯为园林、屋舍、书房等空间命名，制作匾额，少则两字、多则五字即可表达出园林、室内的特色与用途，甚至蕴含着主人的价值取向与意趣。屋舍类的如"在中堂""琴书斋"，园林类的如"香洲""闻木樨香"。"在中堂"表达了主人尊崇"中庸"的哲学思想；"琴书斋"指出屋舍的用途是书房，主人或许有抚琴的爱好；"万卷堂"则取自"藏书万卷可教子，遗金满簏常作灾"表明居者希望诗书传家、学优则仕的思想。又如有些居室内镌刻着"惟精惟一""无为而至"等具有修身警示、彰显道德功用的匾额（图1-13）。

> 图1-13　室内匾额

象征性事物的运用是软装设计中最为突出的一点。具有象征意义的事物在建筑、室内装饰、家具器物、陈设艺术、文玩清供等方面应用极广，并通常以绘画、雕刻、纹样或文字的形式出现。依据其题材和本身形象，事物的象征性可分为人格象征与吉祥寓意象征。事物的象征性来源于其本身的习性、形态、功能、谐音等（图1-14）。如猴音同"侯"，象征着加官晋爵（图1-15）；象音同"相"，寓意出将入相（图1-16）；羊通"祥"，象征吉祥如意；鱼通"余"，象征年年有余（图1-17）。蝴蝶与花象征婚姻美满，菊花象征卓尔不群，喜鹊象征好事来临，松鹤象征长寿（图1-18），蝙蝠和鹿象征福禄。莲花出淤泥而不染，因此被赋予清廉的品格；松竹梅耐寒，象征品格高洁；等等。

> 图1-14　"喜上眉梢"木雕

> 图1-15 "马上封侯"雕刻

> 图1-16 "太平有象"木雕

> 图1-17 "年年有余"和"三羊开泰"木雕

> 图1-18 "松鹤延年"木雕

## 拓展阅读

张潮,《幽梦影》

李渔,《闲情偶寄》

## 思考与练习

人文因素在营造雅居中的作用是什么?

# 2

# 室内软装饰设计
# 的发展流变

## 学习目标

1. 了解室内软装饰设计的历史。

2. 掌握中外古典风格及现代风格室内软装饰设计的特征。

3. 能够分析和解读中外室内软装饰风格，建立民族文化自信。

# 2.1　中国室内软装饰设计的发展

## 2.1.1　先秦时代的室内软装饰

"爱美之心人皆有之",与其说这是一种精神需求,毋宁说是一种本能。我们的先人在很早的时候就知道利用工具将石头、兽骨、海贝等物加工制作成装饰物,来装饰身体和居所。

中国史前文化主要分为旧石器时代、新石器时代以及青铜时代。从旧石器时代到新石器时代,随着技术和工具的发展,人们建造了半永久性的房屋,种植农作物并饲养家畜,开始了定居生活。当时室内的陈设物品大多追求功能性,例如人们为了隔潮与追求就寝舒适会在地上铺垫植物枝叶或动物毛皮,从而演化出了草席等原始坐具。如墨子在《辞过》中说:"古之民未知为宫时,就陵阜而居,穴而处,下润湿伤民……"为防止潮湿给人们身体带来侵害,早期的半穴居或地面建筑的室内地面涂以细泥面层,或施以较厚的树叶、茅草、皮毛等杂物隔离潮湿(图2-1)。后来出现了"石灰面",即在黄土底层上垫有黑色的木炭防潮层,上面用石灰质做成坚硬光洁的层面。这种原始的石灰面与简单的草泥地面相比,不仅清洁、牢固、美观、实用,而且有一定的防潮作用。出于防寒及生活的需要,这时期的屋内均设有火塘,木结构的易燃给古人的生存带来了极大的威胁,而泥土具有良好的隔热防火性能。为了防止木构件烤灼至燃,古人在木材表面涂上泥浆,经长期火炙烤的泥浆变得坚硬结实,这一点又对古代的制陶产生了意外的启发。

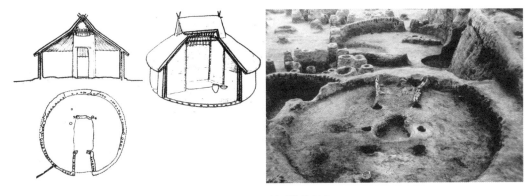

> 图2-1　原始时代的居室

早期的软装饰材料主要是干草、兽皮、羽毛、树叶,而最初家具的材料则以树墩、树桩、石墩为主。随着手工业的发展,木板、木料出现。原始的木构建筑、木制家具以及石斧、石凿等工具中出现了榫卯结构的雏形。

在新石器时代的浙江余姚河姆渡遗址出土的干栏式木构建筑当中就已经存在榫卯穿插了。这是一种咬合搭接的结构形式,这种结构形式反映了当时的木结构技术已经达到了相当高的水平。河姆渡遗址还发掘了朱漆木碗,外壁均有一层朱红色涂料。这说明至少在六七千年前,我们的先民已将天然漆用于装饰生活器具的表面。

在这个时期的遗址中,已经出现了精致的石雕、绘有花纹的陶器和造型简单的玉饰。

中国原始陶器分布广泛，在长江流域等地区，虽然也有发达的陶器制作，但艺术成就最高的还是黄河流域。黄河中上游的仰韶文化和马家窑文化以彩陶饮誉中外，下游还有著名的大汶口文化和龙山文化。仰韶文化的半坡类型和庙底沟类型，马家窑文化的马家窑类型，都曾创造了精美绝伦的陶器艺术。这些陶器不仅为生活的便利性和装饰性提供了必要条件，同时也创造出了人类原始时期的精致生活。

原始社会的人们依靠自然生活，以农业作为最主要的生产方式，植物和动物是他们生存所依赖的基本物质，这也成为了人们日常生活所用器物的主要装饰主题与纹样（图2-2）。

> 图2-2 原始陶器的纹样

## 2.1.2 秦汉时代的室内软装饰

先秦之时古人对营建城池已有了初步的规范。据实物发掘和《周礼》等诸多文献记载，先秦的建筑、室内已经有了一定的等级秩序，平面单元布置也有了多种形式。如《周礼·考工记》中记载了周代都城的形制："匠人营国，方九里，旁三门。国中九经、九纬，经涂九轨。左祖右社，面朝后市，市朝一夫。"后来由于地理、社会实际情况等因素的制约，都城形制与《周礼·考工记》中记载的形制不甚相同（图2-3），但仍作为一种制度被世代传承。至公元前221年，秦统一六国建立中央集权制国家，新的秩序和规范建立了起来，后经两汉的修正，得以沿用。秦汉时期已经有了很多功能明确的公共建筑，如明堂、灵台、太学等礼仪建筑。此时建筑、室内的形式、布局、色彩纹样等都被赋予了相应的阶级内涵。

据《三辅黄图》载："始皇帝三十五年，以咸阳人多，先王之宫庭小，曰：'吾闻周文王都丰，武王都镐，丰、镐之间，帝王之都也。'乃营朝宫渭南上林苑。庭中可受十万人，车行酒，骑行炙，千人唱，万人和。"秦都咸阳以宫殿建筑巍然于天下，殿宇林立，飞檐凌空，雕梁相连，画栋溢彩，给都城平添了无尽的辉煌。在上林苑的离宫别馆中，尤以阿房宫气势最为辉煌（图2-4）。《史记·秦始皇本纪》载："先作前殿阿房，东西五百步，南北五十丈，上可以坐万人，下可以建五丈旗。周驰为阁道，自殿下直抵南山。"唐代诗人杜牧作《阿房宫赋》曾对这座宫殿的恢宏气势作过精美绝伦的描写："六王毕，四海一。蜀山兀，阿房出。覆压三百余里，隔离天日。骊山北构而西折，直走咸阳。二川溶溶，流入宫墙。五步一楼，十步一阁；廊腰缦回，檐牙高啄；各抱地势，钩心斗角。盘盘焉，囷囷焉，蜂房水涡，矗不知其几千万落。长桥卧波，未云何龙？复道行空，不霁何虹？……"后来，汉承秦制，营建未央宫、长乐宫，从这些宫殿的遗址上看，依然受先秦时"高台榭，美宫室"思想的左右。《三辅黄图》中说："未央宫，周回二十八里……以木兰为棼橑，文杏为梁柱，金铺玉户，华榱壁珰，

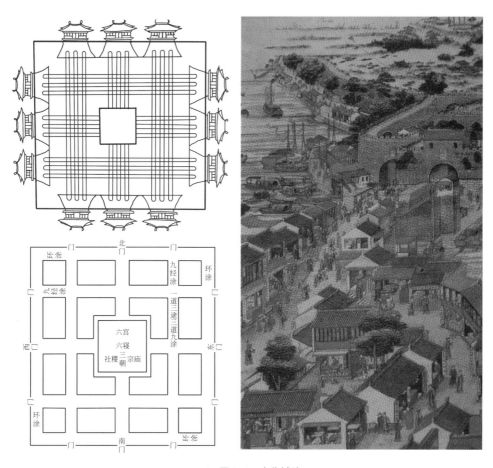

> 图2-3　古代城池

> 图2-4　阿房宫

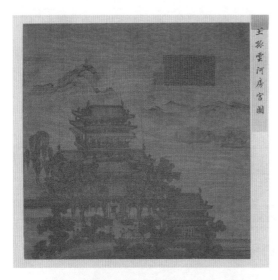

> 图2-5　元 夏永《阿房宫》

> 图2-6　画像砖中的汉代建筑及室内

雕楹玉碣，重轩镂槛，青锁丹墀，左碱右平，黄金为壁带，间以和氏珍玉，风至其声玲珑然也。"足见汉朝的宫殿建筑体量崔嵬，繁复奢华，美轮美奂，荡人心魄（图2-5）。

　　进入奴隶社会后，建筑形式由于权威礼善观念的渗入，出现了不同的形制。李允鉌在《华夏意匠：中国古典建筑设计原理分析》中提到，帝王之居称"燕寝"，诸侯之居为"路寝"，而士大夫以下的官宦之家又称"庙"，一般庶人的住宅称为"正寝"。建筑的空间布局也进一步形成规制。据清代张惠言《礼仪图》记载，春秋时期士大夫的住宅形式为门面阔三间，中间为明间，辟门，左右次间为塾，门北为中庭。庭北为堂即正房，堂是生活起居、会见宾客和举行各种礼仪的地方，堂之左右为厢，堂后有用于寝卧的室。这种规则沿袭到汉朝并无多大变化。中国自古是一个尚礼的国家，宗法礼制、伦理道德浸透在人们生活的每一个细微之处，建筑亦然。不但建筑形制受到约束，建筑及室内装饰的色彩也同样摆脱不了"礼制"的左右。而且具有严格的甚至不可逾越的等级之分，据《春秋谷梁传·庄公二十三年》所载："礼，天子、诸侯黝垩，大夫苍，士黈。"无疑，这也是先秦时人们的审美情结及宗法礼制观念在装饰艺术上的映射。

　　从画像石、画像砖及冥器陶屋中可知，汉代建筑中以木构架为主的梁架结构与斗拱结构已较完备。后期出现了大量的多层式楼阁，建筑布局严密，室内功能区划明确、合理。秦汉建筑、室内的艺术形象是艺术与技术相融合的结晶，这时期建筑的成就首先得益于技术与艺术的进步，除宫殿、祠庙、墓室、石阙及雕饰外，"秦砖汉瓦"更直观地体现了当时建筑艺术最富有情趣的方面，而且最具象征性（图2-6）。

　　秦汉之际的建筑和室内软装饰艺术深受文化观念的影响，崇尚重拙，博大疏朗，明丽雄浑。色彩，自汉朝建筑定制以来就与建筑有着不解之缘，由于中国传统木结构建筑易腐、易蚀，出于对木构架结构防腐处理的需要，逐渐发展演变出彩绘这一中国建筑独特的装饰艺术形式。汉朝装饰色彩在继承先秦传统的基础上加以发展，并与阴阳五行、四方观念相结合，形成自身独有的特色。如宫殿立柱以丹色涂之，这一点传承至明清，让黄瓦红墙成为皇家宫殿色彩的主调。官署用黄色以明"官"之身份地位，斗拱、梁架、天花施以彩绘，墙体上又以青紫色或壁画装饰，雕花地砖及屋顶饰件也因材、伦理观念、审美意识、象征意蕴的不同而施以不同的色彩。

　　就室内软装饰来说，自秦汉时期流传下来的文物中涵盖了案、几、床、柜等家具。这些家具由于受当时跪坐习惯的影响，大多是一些矮形家具。由于当时的木构建筑空间较为宽大，为了满足分隔空间、阻隔视线和防风等需求，发展出了那个时代最具代表性的室内装饰——屏风。这些美轮美奂的屏风在形态上大多以彩绘或镂雕、浮雕的方式呈现，虽已历时千年仍流传至今，在当代室内设计中依然是不可或缺的软装饰形式（图2-7）。

> 图2-7　秦汉代的矮形家具与屏风

　　除各种家具之外，在秦汉时代的室内软装饰中最令世人惊叹的莫过于当时的各种青铜灯具。其造型新奇，精彩绝伦，在装饰手法上形成了以圆雕、浮雕为主的装饰工艺（图2-8）。

> 图2-8　秦汉代的青铜灯

## 2.1.3　隋唐时代的室内软装饰

　　隋唐结束了六朝以来的纷争局面，在经历多元文化的激荡之后，各民族大融合，社会经济、文化观念进一步发展，由于历史上深层的酝酿与积累，终于迎来了气势磅礴的文化时代。隋唐时国力强盛、思想开放，对异域文化兼容并蓄，这一切造成了隋唐文化所谓"有容乃大"的气象。隋唐这一文化特征无疑为当时的装饰艺术带来了空前的影响，可以说隋唐建筑、室内软装饰艺术是整个隋唐文化的美丽篇章，它的辉煌体现了这一历史时期的经济水平、国家实力、哲理美学、思想情趣及物质技术水平，由此也形成了中国古代建筑及室内软装饰的第一个高峰期。

隋唐完成大一统之后，经济繁荣、庶业俱兴，宗法礼制进一步完善。在这一时期的建筑、室内形制规定下，自王公官吏至庶人住宅门厅的大小、间数及装饰色彩都有严格的等级之分（图2-9）。据史料记载，唐代"王公以下屋舍不得施重拱、藻井；三品以上堂舍不得过五间九架，厦两头门屋不得过三间五架；五品以上，堂舍不得过五间七架，厦两头门屋不得过三间两架，仍通作乌头；六品七品以下堂舍不得过三间五架，门屋不得过一间两架……庶人所造房舍，不得过三间四架，不得辄施装饰"。在院落布局上，隋唐时期出现了周围用回廊和建筑物围成的三合院和四合院格局。从敦煌壁画和其他一些绘画中，隐约可以发现这时期的建筑和室内装饰的布局形式。贵族宅邸的大门有些采用了乌头门形式，宅内两座主要房屋之间用具有直棂窗的回廊连接。在展子虔《游春图》中就出现了不用回廊而以房屋围绕，构成平面狭长的四合院；或用木篱、茅屋组成的简单三合院（图2-10）。

> 图2-9　大明宫

> 图2-10　唐 展子虔《游春图》

　　室内盛行便于采纳光线的直棂窗。大型建筑室内绘有壁画,并使用平棋与斗八藻井的天花,天花施有彩绘。在这一方面可以从莫高窟的室内窥其一斑(图2-11)。平棋与斗八藻井的天花形式对后世的室内装饰起到了决定性的影响,并成为中国传统建筑室内天花装饰的主要手段。即便是到了当代,我们也在对其进行创造性运用(图2-12)。这时彩绘构图已初步使用"晕",对宋代以退晕、对晕为基本原则的彩绘起到一定的启蒙作用。

> 图2-11　莫高窟室内藻井　　　　　> 图2-12　唐风建筑室内藻井

　　隋唐之时的家具陈设等软装形式,其类型和式样除满足生活起居的需求以外,也和建筑形式联系日益密切。家具的演进同时也促进了建筑的室内空间处理和装饰的变化。至隋唐时代,人们的起居方式由席地而坐演变为垂足而坐。席地而坐的习惯虽依然存在,但家具已普遍增高。由于家具的增高,房屋的高度也随之增加。垂足而坐的习惯在唐代上层阶级中得到推崇。据五代《韩熙载夜宴图》所绘,当时已有长桌、方桌、长凳、腰圆凳、扶手椅、圆椅、屏风等家具。其结构多采用箱形壶门或拖脚,嵌钿工艺也进一步用到家具上,整个家具式样简明、朴素大方,线条流畅柔和(图2-13),使家具与木构架结构的建筑有机地融为一体。用来装饰空间和家具的纺织品色彩艳丽、纹样丰富、材质多样。这种软装形制直接影响了后代的室内设计。

> 图2-13　五代 顾闳中《韩熙载夜宴图》中的家具

## 2.1.4　宋元时代的室内软装饰

　　安史叛乱之后,基调高亢、气魄雄伟的大唐帝国由盛世走向了衰颓。历经五代十国短暂的混乱、纷争之后,开始了两宋与北方少数民族的对峙时期。由于两宋重文抑武,国力衰弱,内忧外患,苟安求全。生活追求的不是庄严豪华,而是精致的享受。软装饰的艺术形象也趋

> 图2-14　北宋 赵佶《瑞鹤图》

于平静柔和，与汉唐的粗犷、雄放之风大相径庭，已呈现出柔美、纤细之态。也正如整个时代的文化思想与艺术风格日渐趋向"女性化"一样，阴柔之美代替了阳刚之美。比如彩绘作品中柔和的曲线，细微的笔触，小小的花纹，轻轻的点染，似乎一切都应小心翼翼，谨小慎微。宋代绘画也趋向于风格细腻化、光彩化、工笔化，尤其是宫廷院体绘画，讲究所谓"孔雀升高必先举左"之类的细节的真实（图2-14）。这一点同样也反映到软装饰艺术上，慢描慎写，精雕细凿，文笔秀逸，悦人倦眼。装饰构件和饰件也力求避免生硬的直线与简单的弧线，并普遍使用卷杀手法。瓦饰之吻多以凤吻形为主，即使以兽头为瓦饰，也力求温婉细腻，缺少了几分野性之美，显得幽静而文雅。即使如此，两宋的装饰艺术仍不失明丽、灿烂、优雅之美。无论是在建筑艺术还是室内软装饰艺术史上，宋朝都是一个承前启后的时代。在总结汉唐技术与艺术的基础上，李诫著《营造法式》。该书对石作、砖作、大木作、小木作及彩绘等加以详细缜密的条文与图案规范。这一历史时期的装饰艺术比汉唐更加细致、缜密、科学，当然也不可避免地呈现出一股匠气。两宋清丽典雅、优美柔和的软装饰艺术风格在一定程度上也是审美心理及民族气质上的内向性在建筑上的反映，体现了一种严整而又拘谨的文化品格。

　　两宋的软装艺术在传承隋唐格局的基础上，又融合了辽金等外族的影响，并受到宗法礼教及哲理美学的制约和影响，特别是五行阴阳和风水学说（即堪舆学）的渗入，在程朱理学成为当时儒学主流的情景下，装饰形式失去了隋唐的简朴浑厚、雄壮刚劲之风，而倾向于工整繁缛、细致柔美及浪漫灿烂之风格，可谓是"温雅有余而气魄不足"。例如木构架建筑在沿袭隋唐五代的基础上又产生了新的发展，首先是房屋面阔一般从中央明间向左右两侧逐渐减小，主次分明；其次就是作为承托屋檐和梁架的斗拱的机能开始减弱，逐渐走向装饰。补间铺作朵数增加，柱身比例增高，屋顶坡度比例加大，从张择端《清明上河图》的建筑中可见一斑（图2-15）。另外，门窗使用可以开启的棂条组合，与唐代板门直棂窗相比，不仅改变了建筑的外貌，而且也改善了室内的通风和采光（图2-16）。

> 图2-15　北宋 张择端《清明上河图》

> 图2-16 宋代建筑的窗棂

　　宋代是一个崇文的王朝，得势的文人推崇旧礼教，同时，帝王为维持其统治，礼教制度愈益得到发扬，并影响到了建筑和室内软装饰的形制。如《宋史》就有"凡民庶家，不得施重棋、藻井及五色文采为饰"的记载（图2-17）。

> 图2-17 宋代的民居

　　在家具等软装器物方面，人们生活习惯的改变使得室内陈设的家具在宋代已经完全转变为高型家具。从东汉末年开始，经过两晋、南北朝及隋唐，陆续传入的垂足而坐的起居方式和适应这种方式的桌、椅、凳、案，到两宋时期，历时千年，终于让人们改变了商周以来的跪坐方式。随着起居方式的改变，家具的尺度相应增大，在一定程度上也促使室内高度增加。这时期家具的造型和结构也出现了一些突出的变化（图2-18）。首先是梁柱式的木架结构代替了隋唐时沿用的箱形壶门结构。其次大量应用装饰性线角，丰富了家具的造型。桌面以下开始使用束腰，枭混曲线的应用日渐普遍。这些造型与结构特征为后来明清家具的进一步发展打下了基础。由于家具造型的变化，家具在室内的布置格局也更为考究。家具的布局多呈对称或不对称摆布方式。一般厅堂在屏风前正中置椅，两侧各有四椅相对；或仅在屏风前置两圆凳供主宾对坐。从当时的室内布局可以窥视两宋时期严格的宗法礼制、审美心理对人们生活方式的浸染。

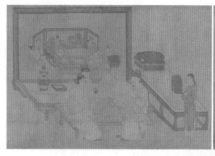

> 图2-18  宋代的家具

　　宋代的陶瓷生产技术十分先进，形成了"五大名窑"，即汝窑、官窑、哥窑、钧窑、定窑（图2-19）。陶瓷已然成为当时人们的日常用品，色彩丰富但偏爱单色，雕刻的花纹精致、题材新颖、刻画生动。当时的审美大致分为两类，一类是以文人士大夫为主，提倡自然与平淡，反对浮华的装饰；另一类则喜爱浓艳的图案与奢华的样式，题材也偏爱通俗易懂的主题（图2-20）。

> 图2-19  宋代的瓷器

> 图2-20  宋代的器物审美

## 2.1.5　明清时代的室内软装饰

　　明清之际是中国传统建筑与室内软装饰艺术发展的集大成时期，同时也是终结时期。在严厉的宗法伦理观念及秦、汉筑、唐制等传统设计文化观念的影响下，形成了明清独特的软装饰艺术风貌。作为中国木构架建筑艺术特征的斗拱已失去了大唐时代的磅礴洒脱之态，也没有了两宋之时的优雅柔美之风，而变得更加纤小、繁缛，排列紧密。出檐深度减弱，立柱也愈发细长，使斗拱失去了原本承托屋檐和梁枋的结构机能而沦为装饰性结构件。屋顶陡峻崇高，渐失唐宋之时的自然豪放、洒脱秀丽，在沉稳严谨之中透射出几分拘谨和凝重。清代《工部工程做法则例》的颁布标志着中国古代建筑走向衰落。诚如梁思成所说，明清建筑艺术"虽极精美，然均极端程式化，艺术造诣不足与唐宋相提并论也"。虽然明清时期建筑和软装饰艺术已进入迟暮之时，但并非毫无价值内涵。清式的琉璃瓦壮丽辉煌、流光溢彩。彩绘艺术中的和玺彩绘、旋子彩绘和苏式彩绘得到发展，装饰图案显得理性而葱郁，具有特殊的意韵（图2-21）。

　　中国传统建筑及室内软装饰艺术发展到明清之时已是百川归海，大河奔泻，众流归注，终于浩浩汤汤。这时的建筑随民族、地域、风俗、习惯的迥异，形成了不同风格的艺术形式。北方住宅以北京四合院为代表，这种住宅布局，在宗法礼教的支配下，以南北纵轴为中心，对称地布置房屋和院落，并融入风水观念，将大门置于东南角，以附会"寿比南山，紫气东来"之类的吉语。一般房屋在抬梁式木构架结构的外围砌筑砖墙，屋顶式样以硬山居多。次要房屋则用平顶或单庇顶，室内外皆铺地砖。室内按生活需要用各种形式的罩、博古架、隔扇划分空间，上部装纸顶棚（图2-22）。色彩方面，除贵族府邸外不得使用琉璃瓦、朱红门和金色装饰，因而一般庶人住宅墙面和屋顶多呈灰青色，大门及主要房屋施彩色。在大门影壁、墀头、屋脊等砖面上加若干雕饰。而江南地区住宅一般用穿斗式木构架结构或穿斗式与抬梁式结构相混合的结构。外围砌筑比较薄的空斗墙，院内置天井，除供采光、通风外，同时也营造了一种精巧别致、可放可敛、随心所欲的公

> 图2-21　明清时期的室内彩绘

> 图2-22　明清时期的室内

> 图2-23　明清时期的室内装饰

共空间。厅堂内部随使用目的不同用罩、隔扇、屏风等自由分隔。室内天花做成各种形式的轩或平棋顶，形制秀美而富于变化，并多涂栗、褐、灰等色，少施彩绘。室内外的木构部分多用褐、黑、墨绿色，和粉墙黛瓦相融，色调雅素、明净。

　　清代李渔对中国传统室内软装饰的立意和构思在《一家言·居室器玩部》里有着独到的见解和精辟的论述，"盖居室之制，贵精不贵丽，贵新奇大雅，不贵纤巧烂漫""窗棂以明透为先，栏杆以玲珑为主"。室内家具布局多采用成组的对称方式布置，多以临窗迎门的几案为中心，配以桌椅、柜、橱，书架也多以对称摆列，力求严正划一，体现一种"中正无邪""不偏不倚"的中庸之道。为使室内气氛不至于呆板，利用不同色彩造型的书画、挂屏、文玩、器皿、盆景来打破这种严肃的格局，以形成一种瑰丽的装饰效果（图2-23）。而室内的每一件书画、文玩等陈设都要力图符合一定的含义，以体现主人的文化品位、社会地位、思想境界。如皖南民居的室内陈设，在正厅迎门处放一几案，案上东置瓶，西置镜，中央为座钟，其中"瓶"取"平"谐音，"镜"取"静"谐音，"钟声"取"终身"谐音，以附会"平平静静，终身平安"之意，表达主人追求安逸闲适、与世无争的思想境界（图2-24）。林语堂也曾在《生活的艺术》中引述了最合于中国人理想的居住环境："门内有径，径欲曲；径转有屏，屏欲小；屏进有阶，阶欲平；阶畔有花，花欲鲜；花外有墙，墙欲低；墙内有松，松欲古；松底有石，石欲怪；石面有亭，亭欲朴；亭后有竹，竹欲疏；竹尽有室，室欲幽；室旁有路，路欲分；路合有桥，桥欲危；桥边有树，树欲高；树荫有草，草欲青；草上有渠，渠欲细；渠引有泉，泉欲瀑；泉去有山，山欲深；山下有屋，屋欲方；屋角有圃，圃欲宽；圃中有鹤，鹤欲舞；鹤报有客，客不俗；客至有酒，酒欲不却；酒行有醉，醉欲不归。"（图2-25）

> 图2-24　皖南民居室内布置

家具作为明清时室内陈设的重要组成部分，大型府邸常在建造房屋的时候就根据住宅的进深、开间及使用目的进行成套配置。这时，由于海上交通发达，东南亚一带的热带木材，如花梨、紫檀、红木等输入我国。这些木材硬度高，色泽纹理美观，明清家具把木材艺术发挥得淋漓尽致，既充分利用材料本身的色泽纹理，又达到了结构、造型与色泽的统一。整个家具形体稳重，比例适度，线条利落，端庄而又不失活泼。明式家具以简洁素雅著称，清式家具在结构与造型上依然继承了明代传统，但雕饰烦琐，趋于复杂，而民间家具依然以简洁、实用为主（图2-26）。

> 图2-25 林语堂笔下的理想居室

> 图2-26 明清时代的家具

## 2.2 欧洲室内软装饰设计的发展

### 2.2.1 古希腊与古罗马风格的室内软装饰

古希腊和古罗马的文化艺术是西方艺术的源头，也是早期基督教艺术和拜占庭艺术乃至中世纪艺术的基础。正如马克思在评论希腊艺术和建筑时说的，困难不在于理解希腊艺术和史诗同一定社会发展形式结合在一起。困难的是，它们何以仍然能给我们以艺术享受，而且就某方面来说还是一种规范和高不可及的范本。古希腊风格是世界上最古老的室内风格之一，其室内软装饰发展历程与古希腊的文化、艺术和建筑发展息息相关。它的特点是以把室内外装饰作为艺术品来处理，使之成为立体的艺术（图2-27）。

早在公元前八世纪至公元前六世纪的古希腊神话时期，其基本的装饰原则就形成了。在室内和室外大量的运用花岗岩材质的柱式，如多立克式、爱奥尼亚式和科林斯式（图2-28），这三种柱式奠定了古希腊古典主义的装饰美学语汇。在被古罗马统治后，古希腊艺术与古罗马艺术融合，但仍保留了最基本的特征，即简单与实用。

> 图2-27 古希腊风格的室内软装饰

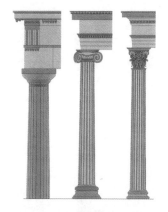

> 图2-28  古希腊时代的三套柱式

> 图2-29  古希腊时代的陶器

> 图2-30  古罗马风格的室内软装饰

古希腊、古罗马的室内软装饰风格受其建筑材质的影响比较大。由于当地盛产优质石材，所以，石材就成为古希腊最主要的建筑和装饰材料。石质材料具有纵向载荷大、横向载荷小的特点，导致古希腊、古罗马风格的建筑呈现出一种高耸、宏大的向上感。在室内装饰细节方面也往往具有垂直的方向感，这是为了适应古希腊高天花板的风格。在墙壁和天花板的装饰上，一般使用雕刻的石膏、石材，天花板和墙壁的颜色相同。地板的装饰则与墙壁和天花板的风格相协调，偶尔也会装饰一些有规则的、蜿蜒曲折的图案。

在颜色的选择上，古希腊风格受地中海自然环境的影响，在视觉审美方面更倾向于使用柔和的自然色，诸如粉白、天蓝、橙红、浅绿等色。但在诸多的颜色中，白色和橙红始终占主导地位，因为它更接近花岗岩本身的纹理和色泽。所以白色也被认为是古希腊软装饰风格的主要特征之一。

在软装饰品的选择上，古希腊风格的室内配饰通常以青铜、陶器、大理石和雕塑为主（图2-29），营造出古希腊历史的厚重感。家具则主要使用天然木材制成，桌椅支撑外翻，追求简单坚固。

从公元前27年罗马帝国时期开始，古罗马建筑和软装饰就开始从严谨、简单转向奢华、壮丽。在吸收古希腊风格的同时，又有所创新，最大的特点就是券拱的出现。券拱技术是古罗马建筑与室内装饰方面最大的特色，也是最大的成就。其对欧洲建筑、室内设计的影响之大无与伦比。古罗马建筑与室内的典型布局、空间组合、艺术形式和风格都同券拱技术有着密切的联系，其直接继承了古希腊晚期的建筑及室内装饰成就，但这些成就经过了券拱、拱廊技术的改造，改变了原来的形制、形式，形成了独特的古罗马风格（图2-30）。

古罗马风格室内软装饰设计的特征除了券拱、拱廊之外，还有深色木质家具、古风元素的雕像，以及大量使用马赛克、石膏装饰地板与墙壁等。

在软装饰品的选择上，古罗马继承了古希腊风格，通常也是用雕塑、陶瓶、青铜等配饰。在纺织品的设计上，大量使用丝绸、亚麻织物和皮革，用精致的边框、流苏将房间营造得精致、美观。在探讨古代室内软装饰设计时，中西方都存在这样一个事实：由于时间久远，古典时代的室内软装饰实物早已不复存在，只能从后世的绘画中窥见一斑（图2-31）。

> 图2-31 拉斐尔《雅典学院》中的古希腊与古罗马室内软装饰

## 2.2.2 拜占庭风格的室内软装饰

古老的东方文明在这里与古希腊和古罗马艺术交汇，从而形成了一种兼具东西方特色的艺术形式——拜占庭风格。拜占庭风格源于东罗马帝国首都君士坦丁堡，由于这里是东西方文化交流的必经之地，拜占庭风格的室内装饰长期受东方波斯文化和西方基督教文化的浸染，因此拜占庭式的软装饰设计形成了如下鲜明的特征：

① 高举的穹顶（穹顶成为拜占庭建筑艺术的主要标志）与古罗马的万神庙如出一辙，室内空间高耸、宏大；

② 精美绝伦的玻璃马赛克和粉画，体现了埃及和两河流域的手工技艺；

③ 具有绚丽斑斓的室内色彩效果和精致的细节。

早期的拜占庭式装饰风格首先出现在教堂建筑中，现存的室内装饰也多在教会建筑内。

因拜占庭风格受东方艺术影响，所以在色调的选择上多以紫色、红色、白色、棕色、蓝绿色为主。

在室内装饰中，拜占庭风格大量使用彩色玻璃、金银器和宝石，并采用大量东方纹理的织物进行墙面装饰。地板则采用大理石和马赛克铺设，通常还会在大理石地面上铺上具有地域特色的地毯进行装饰（图2-32）。

> 图2-32 拜占庭风格的室内软装饰

### 2.2.3　哥特式风格的室内软装饰

　　哥特本是"野蛮"之意，哥特式是中世纪市民为反对大封建主的统治斗争而产生的一种建筑艺术形式。中世纪晚期市民意识渐渐觉醒，文化开始萌芽，人们需要通过教堂寄托自己的情感，再也不想在负罪与忏悔中度日。于是教堂的窗子和室内一改古罗马式窄小、昏暗的形式，变得更高更大，让"上帝"的恩泽能更多地照耀进来，建筑也就呈现出了前所未有的轻巧与华丽。法国人一直将哥特式艺术视作民族的骄傲，雕塑家罗丹曾感叹道，"有了哥特艺术，法兰西精神充分发挥出它的力量"。

　　哥特式风格的室内软装饰受哥特式建筑影响深远，双圆心的尖券和尖拱成为哥特式风格的标志。另外，由于飞扶壁结构的出现，哥特式风格的建筑取消了墙壁，窗户很大，几乎占满整个开间，可以大规模地使用彩色玻璃镶嵌画，使得室内宽敞，明亮轻快，大玻璃窗光辉闪耀。

　　为了追求与建筑艺术风格的统一，哥特式室内软装饰一方面在设计元素上继续追逐华丽的本性，室内布满了雕刻和玻璃镶嵌，而且绘画强调生活的真实感，另一方面在室内细节设计上延续了建筑结构的双圆心拱形式，不过材质上由砖石转变为木材或石膏，并以脚线的方式镶嵌在室内（图2-33）。

> 图2-33　哥特式风格的室内软装饰及细节

　　哥特式室内装饰在色调的选择上常用丰富的深色调，如深紫、深绿、深灰、深蓝、绛红等，沉闷的空间主色调与色彩鲜艳的天鹅绒织物塑造出神秘阴郁的氛围，这也是哥特式的基本特征。

### 2.2.4　巴洛克风格的室内软装饰

　　"巴洛克"一词源自葡萄牙语，原意是"畸形的珍珠"。16—17世纪时引申为拙劣、虚伪、矫揉造作或风格卑下、文理不通。18世纪中叶，古典主义理论家带着轻蔑的意味称17世纪的意大利建筑艺术为巴洛克，但瑕不掩瑜，这种片面的、不公正的蔑视并没有掩盖巴洛克艺术的成就，它对欧洲建筑、室内、家具和绘画产生了深远的影响。

　　17世纪几乎全欧洲都闪烁着这颗珍珠浪漫而璀璨的光泽。含蓄内敛一直是倍受推崇的艺术格调，但巴洛克对此不屑一顾。有人说巴洛克艺术不仅是一种风格，它更像是一种趣味，饱含着浓浓的热情，不怕付出任何代价。生性热情奔放的拉丁人对巴洛克艺术推崇备至。巴洛克艺术勇于破旧立新却带给人失控的感觉；它想表达雄壮，却累于堆砌的装饰；它想显示某种力量，却弥散在破碎无序的形体中；它追求炫奇新颖，甚至不惜破坏逻辑结构。内在的美使它在欧洲具有巨大的生命力。巴洛克装饰艺术的整体特征如下。

① 炫耀财富。大量使用贵重的材料，如大理石、青铜、金银器等。室内充满了装饰，色彩鲜丽，一身珠光宝气。

② 追求新奇。设计师们标新立异，前所未见的形象和手法层出不穷，语（装饰语汇）不惊人死不休。

③ 不困于逻辑结构，采用非理性的组合来取得反常的效果。例如，山花（歇山式屋顶两侧形成的三角形墙面）去顶部，嵌入纹章、匾额或其他雕饰，甚至把2～3个山花层叠在一起。

④ 崇尚奇诞诡谲，室内装饰效果既有宗教特色，又有享乐主义色彩。善于打破理性的宁静和谐，具有浓重的浪漫主义色彩，强调艺术家、设计师的想象力、创新精神。

⑤ 注重室内的空间感和立体感，打破建筑、绘画、雕塑的界限，将其融为一体，强调艺术的综合手段（图2-34）。

> 图2-34　巴洛克风格的家具

巴洛克风格在室内软装饰方面同样充斥着浮夸和动感，并执着于追求戏剧性的表现效果。其复杂性注定难以与其他风格相结合，因此特点也很突出，主要表现在软装饰细节的错彩镂金、雕绘满眼、极具动感的线条形式和丰富的色调氛围等方面。

巴洛克风格色彩华丽，追求柔和、烂漫的基调以营造梦幻般的氛围。在巴洛克风格中，金色是最常使用的，并辅以黄色、紫色、蓝色、白色等，来建构精致的内饰与氛围感。这一特点对后来的洛可可室内软装饰设计产生了巨大的影响。

巴洛克风格的家具同样具有豪华的外观（图2-35）。家具通常以橡木、胡桃木等实木材料制成，线条流畅，表面装饰有丰富的图案和复杂的纹饰，注重细节表达。木质

> 图2-35　巴洛克风格的家具及饰品

家具通常采用螺钿装饰手法，镶嵌有名贵的贝壳、珍珠等，此外还有马赛克、牙雕、鎏金等形式，并用丝绸、天鹅绒等织物或者皮革作为家具饰面。

### 2.2.5　洛可可风格的室内软装饰

如同意大利在文艺复兴之后出现了巴洛克风格一样，法国在古典主义之后出现了洛可可风格。这是光辉时代培育出的才华横溢、热情弥漫又安逸享乐的风格。洛可可这种优雅的风格诞生于十八世纪的法国，早期的洛可可一度被认为是巴洛克风格的简化、延续。直到十九世纪，洛可可风格才开始作为独立的室内风格获得发展。这种风格的室内软装饰实际上是文艺复兴和巴洛克风格的结合与延续。现代的洛可可式室内软装饰常常与巴洛克和古典主义元素相结合。洛可可式相较于巴洛克式更为简洁、轻盈，但依然保留了巴洛克的华丽本质。

洛可可风格的主要成就体现在室内（客厅和卧室）软装饰上，它不像古典主义那样追求恢宏的气势和排场，而是追求实惠，关心的是方便舒适以及温馨的生活气息。同古典主义和巴洛克相比，洛可可风格的客厅和卧室非常亲切温雅，更宜于日常生活。

在细节装饰上，洛可可风格与巴洛克风格也有很多不同，例如洛可可风格在室内排斥一切建筑母题。过去用壁柱的地方，改用镶板或者镜子，四周用细巧复杂的边框围起来。凹圆线脚和柔软的涡卷代替了檐根和小山花。圆雕和高浮雕换成了色彩艳丽的小幅绘画和薄浮雕，浮雕的轮廓融进了物体之中。丰满的花环不见了，代之以纤细的璎珞。线脚和雕饰都是细细的、薄薄的，没有体积感。墙面大多用木板，色彩以白色为主，后来又多用木材本色或米黄、柠檬色，以此来营造一种优雅、别致、轻松的女性格调（图2-36）。

> 图2-36　洛可可风格的室内软装饰

洛可可风格的装饰题材有自然主义的倾向，细部设计主要体现在以下方面：

① 爱用千变万化的舒卷着、纠缠着的草叶、蔷薇、棕榈和蚌壳。

② 爱用娇艳的颜色，如嫩绿、粉红、猩红等。线脚大多是金色的。顶棚上涂天蓝色，画着白云。

③ 喜爱闪烁的光泽。在客厅和卧室墙上大量镶嵌镜子，镜子前面安装烛台。壁炉用抛光的大理石，床上挂着绸缎幔帐，房顶吊着水晶灯。家具镶嵌螺钿，局部大量使用金漆。

④ 喜欢曲线，门窗的上槛、镜子和画框的边缘鲜有水平直线，常用多变的曲线，并且常常被装饰打断。另外，镜子、画框也尽量避免方角，在各种转角处总是用涡卷、花草或者璎珞等物来软化和掩盖（图2-37）。

> 图2-37　洛可可风格的家具及饰品

# 2.3　现代室内软装饰设计的演化

梳理现代室内软装饰设计的演化过程不仅能够更好地回顾过去的室内软装饰风格，而且也能为未来的室内软装饰风格提供借鉴，指明方向。现代设计源于欧洲的工艺美术运动，然后进一步传播到其他各国。本节从全球化视角，对现代室内软装饰设计风格、形式及其特征的演变进行整体性论述。

## 2.3.1　工艺美术运动风格的室内软装饰

18世纪末到19世纪中叶，从英国开始，欧洲各国先后进行工业革命。这对生产技术和生产方式均产生重大影响，在工业生产领域开始出现劳动力的分工和机械流水线的广泛应用，于是大量的机械制品涌入市场，传统手工业面临前所未有的危机。在市场上流通的商品出现两极分化：一种是备受推崇的纯手工制品，但在工艺和造型上毫无突破，是对传统风格的模仿，并且价格昂贵、装饰繁复，仅为贵族或富裕阶层服务；另一种是机械制品，价格低廉，为中下层人们所使用，但造型雷同、外观丑陋、做工粗糙、质量低下（图2-38）。这些显然都不是理想的产品设计。1851年在英国伦敦海德公园举办了第一届世界博览会（图2-39）。这次博览会本是为了展现英国工业革命后的伟大成就，并试图引导大众的审美情趣，制止对旧有风格的模仿，可结果却让人始料未及。这次展览会陈列的展品大多是机制产品，不少是为参展而特制的。这些展品将装饰作为其设计的重点，将功能与形式分离，且形制守旧毫无创新，将整个市场上的产品设计弊端完全暴露，激发了一些思想家的思考和认识，掀起了设计史上最重要的设计运动——工艺美术运动。

> 图2-38　19世纪中叶欧洲的工业产品

> 图2-39　第一届世博会展馆室内环境

　　工艺美术运动风格的室内软装饰形式大量借鉴了哥特式风格。哥特式风格最为明显的特征就是垂直的线条和尖耸的顶端，这种形态具有向上的动势，简洁有力而清瘦挺拔。那个时期的英国家具设计师将这种哥特式符号大量运用于建筑、家具、产品等设计之中。其中，最著名的就是威廉·莫里斯为自己的住宅"红屋"设计的室内软装饰，尤其是楼梯扶手和天花板，更具明显的哥特式特征。垂直线条狭长而高直，顶端的立柱高耸，无任何多余装饰，将哥特式风格简洁、挺拔、稳重的特点发挥到极致（图2-40）。

> 图2-40　"红屋"室内环境及软装饰

　　工艺美术运动时期的家具装饰简单、造型简洁且重视功能性，这与当时的社会背景和生产力水平是息息相关的。当时的家具制作水平和社会财富都有限，家具的使用者仅限于少数富有的贵族或宗教组织。莫里斯在设计中曾明确提出要"忠实于自然""提倡实用艺术",这些主张在当时的一些重要设计作品中亦得到充分体现,诸如壁纸、家具等(图2-41)。

> 图2-41 工艺美术运动时期的壁纸

在家具设计方面,为了实现莫里斯倡导的"艺术与技术相结合",工艺美术运动风格故意将家具的结构暴露,起到一种变化和装饰的作用。白色织物与原木色材质交相呼应,产生一种自然、质朴的设计效果。工艺美术运动中的室内软装饰风格与哥特式风格建立了紧密的联系,它借助哥特艺术,强调手工艺的作用,要求设计师、艺术家要重视实用美术,这是对设计的功能性、实用性的深刻认识,这种思想对后来的包豪斯、现代主义等设计运动产生了较为深远的影响。同时,我们也应意识到,对哥特文化的提倡也是对古典文化的传承与发扬,在某种程度上也是设计文明的一种进步。

## 2.3.2 新艺术运动风格的室内软装饰

现代设计史在19世纪下半叶以后,历经工艺美术运动、新艺术运动、装饰艺术运动、工业设计的顶峰——包豪斯风格,形成了现代设计群星璀璨的时代。丰富的设计理论与设计实践推动整个欧洲近现代艺术发展到最为鼎盛的时期。

新艺术运动兴起的原因有两方面:一方面,普法战争结束后,各国开始发展工业,在这段时间里涌现出很多新思想;另一方面,大工业时代的到来,矫揉造作的维多利亚风格开始普及,提倡自然的变化,使用植物和动物纹样,利用自然中的曲面、曲线,提出了"自然中不存在直线"的理论,诚如西班牙现代设计大师高迪所说的"直线属于人类,曲线属于上帝"。在设计表达中强调曲线和有机形态成为当时的主流风格(图2-42)。新艺术运动不太重视对历史风格的借鉴与传承,而是强调自然形式与带有东方艺术的审美特色,这在某种程度上也表明当时人们对新世界的向往。在传统审美和工业发

> 图2-42 新艺术运动风格的室内软装饰

展催生下的新艺术风格，对新艺术思潮的发展起到了衔接作用，也是时代赋予世界艺术的礼物。新艺术运动是对历史风格的淡化，表现出艺术家对过去艺术思想的反感。

新艺术风格在19世纪末期从法国开始，法国是"新艺术运动"的中心阵地，并形成了巴黎和南锡两个重要的中心。其中南锡派以曲线风格的家具设计冠绝当时（图2-43）。后来逐步蔓延到其他国家，并影响了整个欧美的室内设计风格和审美思潮。这次运动产生了大量的设计流派，在比利时，"新艺术"被称为"自由美学"风格。西班牙的新艺术风格则被称为"现代风格"，代表人物有高迪，他是新艺术的指向标，高迪喜欢东方艺术与哥特式风格，并以浪漫的设计手法表现在自己设计中。米拉公寓、圣家族大教堂是高迪最具代表性的作品。巴特罗公寓的餐厅，有造型奇幻的窗户和窗框，配上同样奇特的桌子、椅子和吊灯，让人们置身于一个梦幻的空间之中（图2-44）。如同高迪的设计一样，新艺术运动风格的很多装饰品，如家具、窗户、花瓶等，因渗透着大量的曲线美学，并不适宜大批量生产、普及，都需要特别定制（图2-45）。不过也有例外，并不是所有的新艺术运动风格都是曲线形式，苏格兰的新艺术运动就以直线风格著称。新艺术运动在苏格兰被称之为"格拉斯哥"风格，代表大师有著名艺术家麦金托什，他的独特之处是运用直线。麦金托什的设计无论是建筑、室内还是壁画，都强调直线的运用和简单的几何造型，喜欢运用的颜色是简单的黑白灰，这种设计为现代主义风格的室内软装饰奠定了一定的基础（图2-46）。

> 图2-43　法国新艺术运动风格的家具　　　　> 图2-44　巴特罗公寓的餐厅

> 图2-45　新艺术运动风格的室内装饰品　　> 图2-46　"格拉斯哥"直线风格
　　　　　　　　　　　　　　　　　　　　　　　　的室内软装饰

### 2.3.3　现代主义风格的室内软装饰

如果说工艺美术运动是现代设计的前奏，1919年成立的包豪斯则拉开了现代主义风格的序幕。现代主义设计从设计领域开始逐渐波及工业设计、室内设计、家具设计、平面设计等领域。与古典风格相比，现代主义强调突破旧传统，创造新形态，在建筑设计和室内设计方面重视功能和空间组织，注意发挥结构构成本身的形式美，造型简洁，反对多余装饰，崇尚合理的构成工艺，尊重材料的性能，追求材料自身的质地和色彩的配置效果，发展了非传统的、以功能布局为依据的、不对称的构图手法（图2-47）。现代主义风格具有非常典型和个性鲜明的特色，钢筋混凝土、平板玻璃、钢材的大量运用，简单几何、直线元素的拼铺，让艺术与实用功能得到高度融合。现代主义风格是一个统称，依据不同的表现形式又可以细分为现代简约风格和现代前卫风格。

#### （1）现代简约风格

现代简约风格的室内软装饰是以简约为主的装饰风格。简约主义根源于20世纪初期的包豪斯，包豪斯学派提倡"功能第一"的原则，推崇适合流水线生产的家具造型，在装饰上提倡减少装饰的简约形式。其思想源于阿道夫·洛斯"装饰即罪恶"的理论。洛斯作为分离派的早期成员，受工艺美术运动和新艺术运动等风格的影响，他曾认为表面装饰是必要的。但后来他的思想发生了颠覆性的转变，不仅认为装饰是不必要的，甚至是一种多余和累赘，他的这些思想集中体现在1908年发表的《装饰与罪恶》一文中。在这篇文章中，他猛烈抨击装饰风格，认为装饰是毫无用处的，是社会衰退的表现。作为一名进步的社会主义者，洛斯提出，所有的装饰和历史主义都与财富有关，是对手工艺人的压迫，是现代文明需要革除的。他说："现代人、具有现代精神的人，不需要装饰，装饰让人作呕。"后来，他甚至激进地将装饰与粪便般的涂鸦画上等号。洛斯的这一思想在装饰风格流行的时代确实让人难以理解，也无法接受，但在一战后却逐渐发展成为现代主义的中心思想，受到追捧（图2-48）。简约风格的室内软装特色即将设计的元素、色彩、照明、原材料简化到最少的程度，但对色彩、材料的质感要求很高。因此，往往能达到以少胜多、以简胜繁的效果。简约风格的软装形式在很大程度上迎合了当代青年人的审美品位。忙碌的生活使人

> 图2-47　现代风格主义风格的室内软装饰

> 图2-48　洛斯的无装饰室内设计

们早已厌烦了灯红酒绿，反而更喜欢的一个安静、祥和、明快、舒适的居住环境，来消除工作的疲惫，忘却都市的喧闹。现代简约风格也是目前较为流行的室内软装饰形式之一。

（2）现代前卫风格

"前卫"一词有着超脱现在、追求未来、具有前瞻性和与众不同的意思（图2-49）。前卫风格最初源于20世纪60年代欧美流行的"波普艺术"和"朋克艺术"。这种艺术在设计方面追求短暂的、易耗的、流行的、舒适的内涵（图2-50），在60—80年代是设计领域的主流风格，室内软装饰也或多或少地受到这股风潮的影响。现代前卫风格在室内软装饰方面不仅意味着注重个性与与众不同的品位，而且它比简约风格更加凸显自我、张扬个性，比简约风格更加凸显色彩对比。无常规的空间解构，大胆鲜明、对比强烈的色彩布置，以及刚柔并济的选材搭配，无不让人在冷峻中寻求到一种超现实的平衡，而这种平衡无疑也是对审美单一、居住理念单一、生活方式单一的现代主义风格室内软装饰的否定。

> 图2-49　前卫风格的室内软装饰设计　　　　> 图2-50　波普风格的家具

## 2.3.4　后现代主义风格的室内软装饰

后现代主义作为与现代主义对立的风格，是发端于现代主义内部的一种逆动，是对现代主义理性的批判。与现代主义相比，后现代主义风格强调设计应具有历史的延续性，但又不拘泥于传统的逻辑思维方式，而是讲究人情味，追求个性化。在设计中，后现代主义常把夸张变形的，或是古典的元素，与现代的符号以新的手法融合在一起，即采用非传统的混合、叠加、错位、裂变及象征、隐喻等手段，以期创造一种融感性与理性，集传统与现代，揉大众与行家于一体的，即"亦此亦彼，非此非彼，此中有彼，彼中有此"双重译码的设计风格，以重现历史文脉、文化内涵和对生活的隐喻。

后现代主义主张设计要以人的存在为中心。他们认为设计作为一种创造性活动，设计出来的不能仅仅只是物品，而且还是一种生活方式、文化观念。但现代主义设计在很大程度上过于遵循"功能决定形式"的原则，严重忽视了人的情感和审美需要，同时也压制了设计是为人创造更美好、更合理生活方式的需求。所以，曾经被现代主义设计奉若神明的经典原则"形式遵循功能"（forms follow function），"使用与功能无关的形式等于犯罪"等思想在后现代主义这里遭到了质疑。它提出要以多元化、模糊化、不规则化，以及东西结合、善古融新的设计形式，来代替现代主义设计中的理性主义、现实主义及功能的合理性与逻辑性。在设计的核心问题上以"合情性"代替现代主义强调的"合理性",以美是合规律性与合目的性的二者统一的自由形式,代替现代主义认为功能与形式是相互对立的思想,并且强调以时空的统一性与延续性,历史的互渗性与重合性来主导当代设计。

后现代主义设计作为现代主义、国际主义设计的一种装饰性发展,其中心是反对密斯的"少则多"(less is more)的减少主义风格,主张以装饰手法达到视觉上的丰富,提倡满足心理需求,而不是仅仅以单调的功能主义为中心。设计上的后现代主义大量采用各种历史装饰,加以折中处理,以打破国际主义风格多年来的垄断。如格雷夫斯设计的迪斯尼天鹅饭店的建筑和室内,为了满足迪斯尼希望建筑要具有游乐性、愉悦性等功能的要求,在天鹅饭店的设计上,格雷夫斯只是少量地借用了哥特式建筑元素,而把全部精力放在了装饰上,从而营造了一种既有装饰性又有历史感的双重译码的后现代主义装饰风格(图2-51)。

> 图2-51　迪斯尼天鹅饭店室内

发自建筑领域的后现代主义带动了家具以及日用品等软装饰领域的后现代主义设计运动。文丘里在1983—1984年间为美国的科诺尔国际设计公司设计了一系列具有后现代主义风格的家具(图2-52)。这些家具由多层胶合板经热压后成型,板上印有各种装饰图案。文丘里还依据椅背镂空的各种历史图形,将其命名为齐宾代尔式、安妮女王式、帝国式以及谢勒顿式等。在文丘里的带动下,格雷夫斯设计的自鸣式水壶,詹克斯设计的古典柱式餐具以及霍莱茵设计的玛丽莲沙发,这些后现代主义的家居用品一经投放市场便成为人们竞相追捧的对象,很多产品至今仍然还在生产(图2-53)。

> 图2-52　文丘里的后现代主义家具

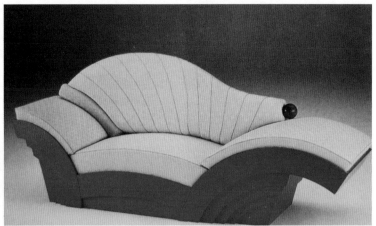

> 图2-53　后现代主义的家居用品

### 2.3.5　新现代主义风格的室内软装饰

　　20世纪70年代末期，人们对流光溢彩的后现代主义风格已经没了热情。受存在主义、人本主义以及现象学、类型学等哲学思想的影响，设计师们开始热衷于讲究人性化、个性化和多样化的设计体验，一种建立在现代主义基础之上的新现代主义风格就此开始流行。

　　新现代主义也被称为经典现代主义或典雅现代主义。与其他的设计流派相比，它算不上一种全新的设计思潮，也没有明显而统一的设计理论，概念较为含糊，表现形式也较为多变，很难用一句话概括。从思想渊源和嬗变规律来讲，发端于20世纪70年代末的新现代主义思潮是在继承和发展早期现代主义基础上建立起来的一种风格流派。它崇尚现代主义设计原则、设计美学和所秉持的功能主义与理性主义，追求简洁、纯净的造型和对新材料、新技术的应用与表现，创造性地发挥想象力，以形态鲜明的个性表达赋予设计明显的象征意义。坚持使用现代主义的视觉语言和设计语汇，以单纯的形式表现丰富的内涵与个人风格。

　　作为现代主义以后的风格，新现代主义并不是对现代主义简单的重复和模仿，而是对它的更新与发展，从而走向一个肯定装饰、风格多样的现代设计新阶段。新现代主义具有现代主义重功能、重理性的严谨而简洁的特征，同时又具有鲜明的个人表现、象征性风格与地域性元素，在装饰语言上更加关注新材料特质的表现和新技术的构造细节，在设计上又强调设计与人文意境、场所精神以及生态环境的关系，因而自20世纪80年代以来获得了快速的发展，并且成为21世纪初期的主流风格之一。在室内软装饰方面，新现代主义范畴内较为流行的风格形式主要有地中海风格和自然主义风格。

　　（1）地中海风格

　　地中海风格作为以希腊、意大利、摩洛哥等地区室内软装饰风格为代表的一种设计形态，因其独特的地理位置、优越的地域环境、适宜的气候条件，造就了阳光、沙滩与海岸相交融的美学意境。湛蓝与灰白的搭配风格呈现出一种古典与现代相交融的典雅之美，同时也展现出一股浓厚的田园艺术气息。地中海风格的室内软装饰作为文艺复兴风格的一种延续和扬弃，在形式上时常会采用做旧工艺的家具、灯具、雕塑及绘画等来凸显地中海风格悠久的历史和深厚的人文意蕴。白灰泥墙、连续的拱门和拱墙、陶砖、海蓝色的瓦面、格子图案与采用有机线条的门窗、家具、壁炉等交相辉映，显得比较自然（图2-54）。在视觉上，无论是建筑还是室内软装饰都形成了一种独特的圆润造型。在心理上，地中海风格带给人一种自由、清新、纯净、质朴而又不失亲切的自然风情，身置其中让人心旷神怡。

> 图2-54　地中海风格的室内软装设计

### （2）自然主义风格

发展作为人类的永恒主题，是各个时代人们不懈追求的目标。工业化时代人们把发展简单地理解为征服自然能力的增长和环境面貌的改变。在这一"发展观"的支配下，人们一厢情愿地为天地立心，为自然立法。然而，由于忽视同自然的协调发展，也导致了一系列的环境问题，如生态危机、资源枯竭。随着环境问题的不断恶化，人们开始重新审视传统的发展模式，进而提出了自然、生态的概念。自然主义设计作为生态学的延伸，是人们对工业化时代以来现代设计的反思和总结，并由此开启了设计从关注人的近利需求向注重人的可持续发展迈进的自然主义新时代。

自然主义风格是一种亲近大自然的设计风格，它追求的是惬意的生活方式。这种风格是目前人们最喜欢的室内软装饰形式之一，未来也一直会受到人们的青睐。

自然主义风格的室内软装饰倡导亲近自然、享受自然、回归自然，这种居室设计理念是在生活压力不断增加的当下逐渐回归的。"久在樊笼里，复得返自然"是当代人的普遍心声，所以"采菊东篱下，悠然见南山"也就成了人们内心的桃花源。

自然主义风格室内软装饰设计从营造手法上可分为乡村风格和田园风格。乡村风格有法式乡村风格、美式乡村风格和英式乡村风格。田园风格有中式田园风格、英式田园风格、美式田园风格和法式田园风格。它所营造出的清新舒适的感觉，使远离自然的人们在这里找到了归属感。人们不仅可以放松心情，也能体验到生活的乐趣（图2-55）。

> 图2-55 自然主义风格的室内软装饰设计

自然主义风格在视觉形式上具有以下特点：

① 材质上，以白橡木、胡桃木、樱桃木、松木、枫木等为主，不加雕饰，保留木材原始的纹理和质感，甚至还刻意添上仿古的瘢痕和虫蛀的痕迹，创造出一种古朴的质感，展现原始粗犷的自然烙印。

② 色彩上，以自然本色为主，棉麻是主流，布艺的天然感与自然风格能很好地协调。蜡染、扎染也是经常使用的一种形式。

③ 饰品上，瓷器、陶器、藤椅、盆景、石头、农产品、农具、铁艺制品等都是自然风格空间中不可或缺的物品。

自然主义风格摒弃了烦琐和奢华，将体现乡野的元素汇集融合，以舒适为导向，强调"回归自然"，使这种风格的宜居性变得更加强烈。自然主义风格突出了生活的舒适和自由，不论是令人感觉笨重的家具，还是带有岁月沧桑的配饰，都在告诉人们这一点。特别是在墙面色彩选择上，自然、怀旧、散发着浓郁泥土芬芳的形、色、质是自然风格的典型特征。

## 拓展阅读

修·昂纳，《世界艺术史》

陈高明，《现代设计的风格与流派》

## 思考与练习

在进行古典主义风格的室内软装饰设计时如何实现历史符号的现代转向？

# 室内软装饰设计
## 的空间特性

# 3

学习目标

1. 整体认识构成室内软装饰空间特性的元素。

2. 不断提升自身的文化、艺术、技术等素养。

3. 具备综合运用文化、艺术、技术素养进行软装饰设计的能力。

# 3.1　室内软装饰设计的空间性质

　　室内作为建筑设计的延续和深化，是对空间形态以及空间意境的再创造。著名建筑家戴念慈先生认为，建筑设计的出发点和着眼点是构建有内涵的建筑空间，要把空间效果作为建筑艺术追求的目标。从这一点来看，营造有趣味、有内涵的室内空间是建筑设计的重要目标。

　　就建筑空间的内外而言，室内空间与室外空间不同，室外空间是无限的，室内空间是有限的。室外空间直接与自然环境发生联系，而室内空间作为人工的半封闭空间，具有一定的封闭性、隔离性。作为与人接触最近、最频繁的空间环境，室内空间与人的一切生活、行为都息息相关。

　　与自然的室外空间相比，人工的室内空间在视域、活动范围等方面对人有一定的限制。室内陈设等因素所组合的室内空间信息相较于室外，更容易对人的生理、心理状态产生影响。因此，在室内设计不断深化的过程中，"软装饰设计"这一概念应运而生。软装饰是相对于建筑本身的硬结构空间提出来的，主要是利用可移动的家具、灯饰、窗帘、地毯、画品、绿植等具有柔性、装饰性和可塑性特征的物品，对室内空间进行二次陈设和布置。

　　软装饰设计是一门综合性艺术，它需要对整个空间进行统筹设计，不仅要满足基本的使用功能，同时还要兼具审美功能，总而言之就是从视觉、触觉以及听觉等方面给处在室内环境中的人以舒适、安全、惬意的感觉。室内软装饰设计作为室内设计不可或缺的部分，必须充分认识室内空间特性，结合室内空间来展开设计，围绕软装饰设计的基本原则，从单个空间到整体空间，反复推敲，使室内空间达到艺术与技术、物质与精神的统一。

## 3.1.1　室内软装饰设计的文化性

　　文化是一个国家的历史、风俗、生活状态与价值观等非物质因素在漫长的历史演进中的沉淀，它并非短暂的虚华之物，而是在岁月的跌宕起伏中形成的延绵不绝的文脉符号，是一个国家和城市的灵魂，是其特立独行精神的体现。独特的文化已经成为一个国家或地区获得永续发展的动力源泉。在同质化的竞争时代，为谋求可持续发展以及展现地域的品位与涵养，探索文化以及凝练文化特色已成为未来设计发展的趋势和方向。

　　何谓文化？文化在中国语言系统中自古有之。《周易·系辞下》记载："物相杂，故曰文。"文化在广义上指人在社会历史活动过程中有关物质和精神的结晶。作为一种历史现象，文化的发展有历史的继承性，同时也有地域性、民族性、时代性。在现代设计活动中，设计作品所表现的内涵，或者说所表现的文化特征越来越受到居住者的关注。因此，进入新时代，设计与文化越发地交融在了一起。文化促进了设计，同时设计也更新着文化，设计中体现着文化内涵和人文价值，承载并延续文化、诠释文化。由此可见，设计本身就是一种文化现象或文化形态。作为文化现象或文化形态，它就必然与文化韵味和审美习惯相契合。而这种契合首先要符合本地区、本民族的传统文化和审美习惯，其次是注重传统文化符号的发掘与利用，注重历史信息的传承与精神的发扬。

　　当前，我国大力倡导"四个自信"。在表述文化自信时，习近平总书记曾说："文化是一个国家、一个民族的灵魂。……文化自信，是更基础、更广泛、更深厚的自信，是更基本、更深沉、更持久的力量。"中华优秀传统文化是中华民族的文化根脉，其蕴含的思想观念、人文精神、道德规范不仅是我们中国人思想和精神的内核，也对解决当代人类问题有重要价值。室内软装饰设计作为室内设计艺术重要的构成形式，我们要从当今社会发展的角度出发，借鉴中国传统文化所蕴含的哲学思想和表现手法，并与现代技术和设计理念相结合，打造具有新时代风格的设计。

　　室内软装饰设计是一门综合性艺术，在文化多元发展的今天，人们的审美思想和艺术追求也更加复杂。室内空间作为与人们生活关系最密切的空间，装饰风格在一定程度上也代表了主人的个人品位和艺术追求。随着时代的发展，人们在装饰上逐渐采取"轻硬装重软装"的装修设计观。软装设计主要包括七大元素，即色彩、家具、灯具灯光、布艺、花艺、画品以及饰品。软装饰的文化性就需要将以上各种具有艺术效果的元素与文化有机结合起来，组成各种不同的风格氛围来渲染室内的艺术性，赋予室内空间更强的文化气息（图3-1）。

> 图3-1　文化性软装饰空间及其饰品

　　由于设计是一种人为的行为，是设计师刻意塑造的空间艺术形态，因此，在室内空间的意境上，它不可避免地受设计师个人文化知识和审美观念的影响。室内软装饰设计内容体现的也是设计者对传统文化的理解与个人思想的融合，在满足基本功能的同时，也追求精神上的愉悦。为了满足这种追求，传统文化不可避免地成为软装饰设计中的重要元素。室内软装饰设计的文化性主要由室内陈设品所包含的文化符号、信息（诸如装饰纹样、图案造型等）和通过精心布局所营造的空间氛围构成。在历经漫长的历史凝练后，逐渐形成的蕴含各种文化意象的纹饰图案与表现手法，呈现在绘画、瓷器、刺绣、布艺、茶具以及文玩清供等工艺品中，这些元素在漫长岁月中积淀下历史的厚重感，通过与当代设计结合，深深地影响着室内软装饰设计的文化性。

　　在当代室内软装饰设计中，文化性往往体现在具有传统意蕴的图案、文玩、器具等上面（图3-2）。这些物品在满足审美功能、使用功能的前提下，其本身所蕴含的文化内涵和文化象征，赋予了室内环境浓郁的文化氛围。作为构建文化氛围重要的一环，好的装饰图案、文玩清供可以被直接应用到设计之中。例如围绕室内空间布局和空间意境去设计软装饰元素，在具有传统美学理念的布局中体现现代元素，这就是贝聿铭先生在苏州博物馆的设计中提出的"中而新"的理念（图3-3）。

> 图3-2　室内软装饰常用的文玩饰品

> 图3-3　"中而新"的室内软装饰设计

　　需要注意的是，在室内软装饰设计中文化性的体现、历史性的传承不是将古典元素简单地套用，而是将文化因子置于当代技术、材料以及审美思潮下进行创造性地融合，并在融合的过程中促成传统或民族风格的形成。林毓生先生在《中国传统的创造性转化》一书中指出，中国传统的创造性转化就是，把一些中国文化传统中的符号与价值系统加以改造，使经过创造性转化的符号和价值系统，变成有利于变迁的种子，同时在变迁的过程中，继续保持文化的认同。这就是说，融合传统文化的设计所强调的是带有经过转化之后的文化符号抑或价值体系，而非不加解析地将传统形式生搬硬套。因此，当代室内软装饰设计在继承和发展传统时要勇于突破陈规，尽可能用饱含地域文化的处理方式和改造方式，让室内软装饰的文化符号在与当代设计理念、工艺材料的结合中营造出传统文化的意境，让前人的精神文化遗存融入现实的物质形态，使本土文化和民族情感始终贯穿于现代室内设计之中。

所以，在现代软装饰设计中，文化元素的选择、使用，应尽量避免采用符号转移的方式，而需要运用一种转译的方法。截取其中经典图案、造型，利用善古融新的手法，将其重新设计。我们在借鉴前人思维的同时，要用现代审美思维将其进行适当改造，删繁就简，去粗存精，运用文化符号转译的方法，保留优秀的形态和意蕴，提炼出具有意义的新符号。在设计表现传统的同时，亦要从现实生活中收集素材，寻找灵感，并将其与民族文化进行结合，呈现新的寓意，延展新的文化意境，体现现代人的文化素养和精神追求，使得室内软装饰设计不仅具有文化性，而且不失时代感，在传递文化氛围和情感的同时，也能体现时代发展的脉络，反映民族精神（图3-4）。

> 图3-4　善古融新的室内软装饰设计

## 3.1.2　室内软装饰设计的宜人性

室内软装饰设计的宜人性简单来说，就是将人性化设计融入空间尺度、空间布局和材质、色彩的使用中，就是一切的设计都要符合人的生理和心理需求，要以人为本，为人而设计。让人在室内空间中更加舒适，找到归属感。因此，软装饰设计在根本上弥补的是硬装的不足，意识到软装饰设计的意义并在空间设计中发挥它的作用，才能创造丰富多彩的人性化生活空间。

"以人为本"首先作为一种哲学观念，是基于人类对自身的探索而提出的。自文艺复兴以来，相继出现出的人文主义、人本主义等哲学思想与现在的现象学哲学思想基本是一脉相承的，其基本内核都是提倡个性解放、自由平等和追求人生幸福。宜人性的设计即基于上述哲学思想，运用合理的手段，通过不同的载体表现出来，成为形式与功能完美统一的作品。回到设计的层面上，设计是人为的设计，是为人的设计。随着社会的发展，以人为本不仅仅是一种价值观念，更演化成了一种设计原则，要求设计者在设计中更多考虑到人的因素，包括不同使用者的心理习惯、审美需求、便捷使用等多方面的需求，始终将人作为设计的使用者和中心，尊重人的使用习惯和生活习惯，这就是人性化设计，也是设计的宜人性体现。

室内软装饰设计的宜人性体现在两个方面：一是尺度的适宜性；二是人与物的适宜性。

（1）尺度的适宜性

室内软装饰设计作为体现室内设计魅力和活力的构成元素，必须满足功能性、易感性和合理性三个要求。在这三个要求中，功能性是首要的。室内软装饰艺术首先必须满足使用的基本条件，具有实用功能，或具有欣赏功能，或二者兼具，也就是通常所说的室内软装饰艺术的功能性。其次是易感性，软装设计要具有能够改变居室冰冷、严肃面貌的能力，使居住空间变得舒适宜人，容易让人接近和使用，这也是"居室，让生活更美好"的基本要旨。再次，软装设计必须具有合理性，即软装艺术的设置既要符合人的使用要求，又要符合人的行为习惯以及对空间、艺术的感知方式。合理性是确定软装设计的形态、材料、色彩、建构方式的基础和前提。在室内软装饰设计的宜人性方面首要的还是距离与尺度的适宜性以及空间与尺度的适宜性。

① 距离与尺度的适宜性。人与艺术品的距离，艺术品的大小、尺度以及摆放位置会直接影响人对室内环境的感知（图3-5）。人对外部环境及物品的感知方式与体验感受都具有一个合理的尺度。在适当的范围内感知效果是最佳的。人的眼睛作为一种距离型的视觉感受器官，对外部环境信息的接受要受主客体之间距离的制约。据当代人体工程学研究，1200m左右是人感知物体的最大距离，137m左右是人清晰分辨动作的最大距离，超出这个距离，人对环境的分辨与感知就会变得模糊；24m以内，由于其他感知器官的补充，人就能够清楚地感知到客体的细节。另外，在社交距离方面：0～0.45m为亲密距离，是一种表达温柔、舒适、爱抚以及激愤等强烈情感的距离；0.45～1.30m为个人距离，是关系亲近的朋友或家庭成员之间谈话的距离；1.30～3.75m为社会距离，是朋友、熟人、邻居、同事等之间日常交谈的距离（由咖啡桌和扶手椅构成的休息空间布局就表现了这种社会距离）；大于3.75m为公众距离，是用于单向交流、演讲或者人们只愿意旁观而无意参与的，这样一些较为拘谨场合的距离。这样的距离与强度，即密切和热烈程度之间的关系直接影响到人们对软装饰艺术品的接受。在尺度适中的室内环境中，狭窄的过道、小巧的空间，这些温馨宜人的室内环境使人们在咫尺之间便可以深切地体味室内空间、结构细部以及艺术品的造型、质感、肌理散发的美感。反之，那些存在于巨大室内空间中的装饰艺术细节则容易被人忽略。

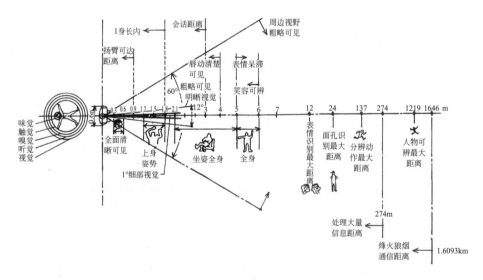

> 图3-5　人体尺度与感知的关系

② 空间与尺度的适宜性。人作为一种环境型的动物，无时无刻不在接受着来自周围环境的各种信息。这些信息对人的情感而言可能是积极的，也可能是消极的。适宜的空间尺度会让人感觉轻松愉快，反之就会让人感到紧张、压抑。面积宏大的空间让人缺少温暖和安全感，正如身处旷野之中，人们会有一种冰冷和恐惧的感觉。而装饰品的尺度也影响着人的感受。在选择室内艺术品时需要综合考虑艺术品本身的尺度和空间的面积。如果室内面积太大，室

内的艺术品诸如雕塑、文玩、赏石、瓷器，尤其是作为室内主体的家具、电器、雕塑不能太小，否则就会被淹没在室内空间中，让人无法感受到它的存在。如果室内面积较小，则家具、雕塑、绘画等物品不宜太大，太大会给人带来压抑感与紧迫感，使空间显得较为逼仄。所以，在室内软装饰设计时，无论是空间的分割，还是陈设品、艺术品的设计与选择都要以人体尺度为基准（图3-6），参照人体的构造尺寸和行为尺度展开设计，这样才能营造出适宜的空间尺度。

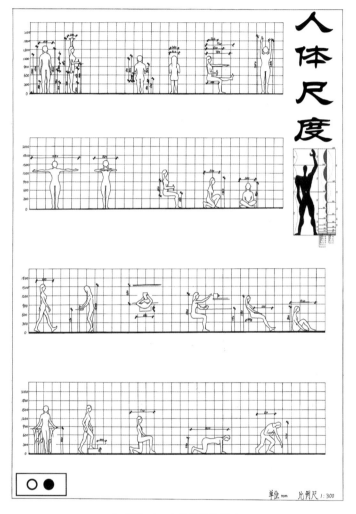

> 图3-6 人体的构造尺寸

## （2）人与物的适宜性

在软装饰设计的具体应用上，不仅要对人的生理、心理进行分析，还要对装饰的特点和形式进行分析。在实际应用中，可以从"物与物""物与人"之间的联系入手。

室内软装饰设计中，"物与人"的联系体现在软装饰设计所营造的氛围感和舒适感能为人带来愉悦，满足人的生理需求和精神需求。室内所有的装饰品在某种程度上都是人的附属品，是为人所用的，是来点缀空间和装饰空间的。人对所有物品都具有绝对的使用权和支配权。在人与物的关系上要做到"物役于人"，而不是"人役于物"，否则所有的装饰只能沦为生活的累赘。

室内软装饰设计中，"物与物"的联系主要指室内陈设的合理性与室内设计风格的统一协调。室内本无风格可言，所谓的风格是室内装修和软装饰设计共同塑造的结果。不同历史时期的文化氛围、审美追求都赋予了软装饰设计不同的特征，因此搭配不同造型、质感的软装饰配件可以形成不同的室内空间风格。每个室内空间都可以被视作一个独立的个体，设计师在设计时根据居住者不同的性格、爱好、工作性质和艺术追求去设计属于每个主体的风格。室内软装饰可更换、便于移动、可调节的设计属性，更能体现主人的品位与修养。但在室内软装饰设计中如果过于追求物质的多样性、风格的多元性以及设计的豪奢性，不同风格的元素凌乱的堆积就会给人带来眼花缭乱、应接不暇的感觉，久而久之就会使人产生视疲劳，继而形成审美疲劳。

### 3.1.3　室内软装饰设计的美学性

纪伯伦说，如果你歌颂美，即使你在沙漠的中心，你也会有听众。这句话充分表达出，美是一种生命现象，歌颂并追求美是人类的天性。而且人对于美往往是没有抗拒力的，也由此可以解释人为什么会渴慕美食、美器、美服、美庐。因为美不仅可以让人或环境变得更悦目，同时也有助于使人变得更健康。鸟语花香、景色宜人的环境能促进人荷尔蒙的分泌，平缓人的心情，抑制冲动。空气污染、声音嘈杂的恶劣环境则会加速人的心跳，导致极端情绪的发生。所以，美是一种内在需要，人不可能在长期的生活中没有美。环境的秩序和美犹如新鲜空气对人的身心一样重要。美作为一种人与生俱来的天性和心理需求的自然流露，在每种文化、每个时代都会出现，这甚至可以追溯到原始的穴居时代。从茹毛饮血的原始时代，人类就在潜意识里开始了美化行为，并在居住环境、生活用品以及身体装饰等多个方面体现出来，随之在人们生活中的器物上也产生了艺术化的倾向（图3-7）。因此说，艺术之美并不是一种浅层次的视觉愉悦品，而是人在实现基本生理需求之后最真实、最深层的精神需求。这是因为一方面，美作为一种介质可以使个人与周围的人和物建立联系，形成共鸣；另一方面，它又可以把人从平淡的生活中解脱出来，使生活变得更富有趣味。

> 图3-7　生活之美

古罗马建筑师维特鲁威在《建筑十书》中首次明确提出建筑设计的三原则——坚固、实用、美观。这些原则对以后的建筑和室内设计产生了深远的影响。从古罗马式到拜占庭式、哥特式、罗曼式、文艺复兴式以及法国古典主义式与集仿主义式的建筑、室内软装饰都遵循着这一规律，并且将"美观"放在了主要地位上，这也是古典主义室内软装饰艺术都拥有自己的人文、艺术特色的原因。现代主义之后，维特鲁威的"坚固、实用、美观"三原则被改成了"经济、实用、美观"。虽然现代主义的室内设计也提倡"美观"，但"美"却是在最后才被考虑的。被现代主义设计奉为圭臬的"形式遵循功能"、"功能不变形式亦不变"、"功能合理了形式自然就美了"以及"装饰就是罪恶"等思想严重限制了软装饰艺术在室内设计中的发展，"美"被当作一种奢侈品束之高阁了。

由于缺乏美和艺术的参与，室内空间曾一度成为一架供人居住的机器，如同一个冰冷的盒子，缺乏人情味。世界各地现代主义风格的室内设计如同流水线上生产出来的产品一样，千篇一律，毫无特色。所以，营造具有特色的居室空间离不开优美的软装饰艺术。在富有美感的软装艺术的感染下，室内的品质和魅力会陡然上升，并成为人们流连忘返、乐而忘忧的胜地。如查尔斯·莫尔在《风景》一书中所说："某些特别的地方独具魅力，可以作为整个世界的暗喻。这样的魅力通常来自于集中，就是浓缩到一些基本要素上，它的效果集中起来吸引我们，让我们留恋一个地方。"因此，室内软装饰的设计不仅仅是满足基本的功能需求，同时也需要进行艺术处理，不论它表现出来的是抽象还是具象的形态。软装饰艺术介入室内空间，以美学手法建构室内空间，可以在很大程度上提升室内空间的观赏性、趣味性和文化性，改善现代主义以来造成的室内空间单调、乏味的面貌，美化室内环境，并形成特色，提升记忆，丰富内涵，把室内空间打造成人文与艺术的综合体（图3-8）。

在当代室内软装饰设计中，常用的空间美学营造手法主要有以下几种方式。

① 比例与尺度。从空间与物、物与人之间的比例关系入手，根据室内空间布局，将家具、布艺、艺术品等主要元素按照比例和谐、尺度适宜的原则来搭配。

② 稳定与精巧。在软装饰布置时，整体上要追求稳定、统一，细节上要注重精巧、细致，饰物的形状大小要搭配合理，追求稳定与精巧的统一（图3-9）。

③ 调和与对比。调和是一致，对比是特异。只有调和，空间就会显得呆板，缺少活力。只有对比则会导致视觉凌乱，令人应接不暇。调和与对比如同一枚硬币的两面，二者相辅相成。调和与对比作为美的构成法则，在进行软装饰设计时可以通过材质、色彩、大小、形态以及传统与现代的对比等，使室内空间产生更多的形式变化，同时亦要通过调和的手法调整细节，在对比之间形成缓冲

> 图3-8　东方美学室内空间

> 图3-9　室内软装饰中的细节设计

> 图3-10 对比与调和的软装饰设计

> 图3-11 灯具营造的节奏与韵律

> 图3-12 均衡布置的家具与灯具

和融合，平衡调和与对比的关系，避免偏向一方（图3-10）。

④ 节奏与韵律。节奏和韵律是一对密不可分的美学法则。节奏的产生需要通过陈设品或装饰品大小、疏密的排列来营造。韵律则是通过陈设品或装饰品的色彩、形态以及虚实的有规律的变化产生的。在室内软装饰的布局、摆设方面只要把握了节奏与韵律的原则，美感也就油然而生（图3-11）。

⑤ 对称与均衡。对称是指各构成要素在大小、形状和排列上一一对应，均衡是各构成要素在数量或质量上相等或相抵。与对称相比，均衡并不强调位置、大小的统一，而是注重视觉存在。这两种美学法则在室内软装饰设计上经常用到。不过在室内软装饰设计中，较少能做到完全对称。一方面受限于室内空间布局，另一方面则是完全对称会导致空间呆滞、缺乏变化，从而失去美感。因此，要在基本对称的基础上，注重细节变化，形成局部不对称，或者局部对称，这也是一种不对等的审美原则。而这种审美原则正是均衡，它展现出一种稳定感和视觉平衡感。如图3-12所示，沙发两侧的灯具一左一右，在布局方式上采用的是对称式，但在细节上则又打破了完全对称，即灯具一大一小、一高一矮的对比，从而形成了一种对称式均衡的方式，继而营造了一种既严肃又活泼的室内氛围。

⑥ 主从与重点。在室内软装饰设计中要处理好主要矛盾和次要矛盾。抓住主要矛盾事情就迎刃而解了。在室内软装饰方面，主要矛盾就是室内的重点区域，或称之为焦点区域，把这些区域处理好了，其他地方自然也就没有问题了。如果不懂虚实相生的理论，不注重主从与重点，眉毛胡子一把抓，就会使室内丧失主从、虚实关系，从而造成事倍功半的结果，在视觉上形成凌乱不堪的窘境。

⑦ 过渡与呼应。过渡是指在不同事物或空间的结合处形成一个缓冲带，从而使二者之间实现顺利衔接。在室内软装饰设计中，过渡是将相邻着的两个或多个不同元素抑或空间用一

种与彼此有联系的形式有机结合起来。呼应则是前后、上下、内外、大小之间具有某种内联性，是将不相邻的元素相结合，使其越过空间形成呼应，从而达到突出主题的目的。呼应的运用可以避免空间或装饰元素的突兀，例如一件古董放置在现代主义风格的室内显得格格不入，若是放置在新中式风格的室内则显得和谐多了。

⑧ 隐喻与象征。隐喻是文学中一种常用的修辞手法，通过物品的象征意义来表达自己的理想和期许，或通过拟人、拟物来抒发内在的情感。隐喻的美学手法在软装饰设计中的运用通常是借助"谐音"或"谐意"来选择装饰品。诸如，居室内摆放一些瓷瓶，寓意"平安"；摆放葫芦寓意"福禄"；墙上悬挂山水画寓意"有靠山"。象征是指借用某种具体的、形象的事物来暗示一种事理，以表达真挚的感情和深刻的寓意。一般而言，象征本体和象征意义之间要有一定的关联，才能使欣赏者产生由此及彼的联想。例如在我国传统民居的室内软装饰中，布置有大量的雕刻，其主题不乏瑞兽、蝙蝠、鲤鱼、莲花等，人们借助这些视觉图形来喻示"福寿双全""连年有余"的理想生活（图3-13）。

> 图3-13　具有隐喻含义的室内装饰品

以上这些美学法则总结了软装饰设计的一些基本技巧，从比例、空间、色彩、节奏、饰品等方面具体提出了如何创造美、表达美，对于营造雅致的居室空间具有莫大的意义。

## 3.1.4　室内软装饰设计的时代性

从历史发展的角度来看，每个时代的艺术都有其鲜明的时代特征，不同时代的艺术受其特定的政治、经济、文化、审美和风俗的影响而烙上了浓重的时代印记。室内软装饰设计作为大艺术的一个组成部分，其发展演进过程也不能摆脱时代留下的痕迹，因此我们应该站在时代的角度去观察软装饰设计。

室内软装设计的风格是具体的、历史的。任何风格、形式，无论是传统还是现代都有适于它存在和发展的土壤与环境。随着社会变迁、时光流转，今天与古代不论是在社会制度、经济形态抑或文化背景方面早已不同，传统装饰艺术已经失去了它赖以生存的环境，如果不顾时代发展的客观现实而盲目地借用传统，把活生生的传统符号生硬地塞进现代主义风格的软装设计框架体系之中，其结果必然导致传统形式变得不伦不类，这就犹如伐根移木，恐怕只能是淮橘成枳，失去了原味。吴良镛先生曾说："每一代人都必须从当代角度重新阐述旧的观念。"室内软装饰设计无论是采用传统装饰风格还是表达现代风情，在元素的选择上都应体现当代的美学意象、艺术思潮和文化特征，既不能走复古主义的道路，又要避免虚无主义的风格。因为每一时代的室内装饰都承载了一个时代的审美，是时代美学的凝聚。随着社会的不断进步，人们的物质和精神生活也到达了全新的高度，这对室内软装饰设计在各方面都提出了新的要求。我们必须紧随时代脚步，以史为鉴，以人为本，以美为皮，以文为骨，在对现代生活习惯作提炼的同时兼顾时代风气，做出属于新时代的室内软装饰设计风格（图3-14）。

> 图3-14  传统与现代共存的室内软装饰设计

# 3.2  室内软装饰设计的空间观念

## 3.2.1  室内软装饰设计的艺术观

一般而言，室内的整体设计往往更加注重本身的逻辑性、功能性与实用性，软装饰设计则不必过多考虑其"功能价值"，而是重视居住者的精神需求，尤其是艺术美方面的需求。在影响室内环境的视觉感受方面，艺术性是首当其冲的。软装饰设计的艺术观可以更好地彰显主人的品位和情趣，通过艺术手法塑造多样化的室内艺术氛围也就成为室内软装饰设计的重要内容。

室内软装饰的艺术观主要受设计者审美、文化、经历以及居住者个人审美倾向等多种因素的影响。例如受大的文化艺术氛围的影响，东西方室内软装饰设计中的艺术观存在着明显的差异。中国是有着五千年历史的文明古国，人们的居住方式、审美偏向深受传统文化的滋养，从而形成了独特的东方美学观，加之佛、道、儒等思想文化的长期浸染，形成了独具中国特色的室内软装饰艺术观念。不同的阶层具有不同的审美文化，从皇城的威严雄壮到江南的文人意趣，均体现了不同的文化和地域特色。西方的软装饰艺术观念随着艺术流派的转变而不断发生改变，从古至今历经了希腊风格、罗马风格、文艺复兴风格、巴洛克风格、洛可可风格一直到现代主义及之后的多元化软装饰设计风格。室内软装饰的艺术观随着思想、文化、材料、技术、审美的变迁而发生了很大变化，也正是这样的变化促成了当代蔚为大观的软装饰艺术形式。

在当下，艺术风格趋向多样化，软装饰设计的艺术理念变得更加开放和包容，室内软装饰让室内设计风格更加多元。设计师在设计中不光可以考虑室内空间形态与材料的变化，也可以通过一些装饰品、艺术摆件创造独特的设计风格，充分表达使用者的精神追求与气质品位，艺术与设计的结合是软装饰设计中重要的理念（图3-15）。

## 3.2.2　室内软装饰设计的自然观

追求自然观与其说是一种人居环境的设计手段，不如说是人与生俱来的一种居住本能，我们的先人最初在选择栖居地时就十分注重与自然的融合。从《诗经》中的"秩秩斯干，幽幽南山。如竹苞矣，如松茂矣"，到陶渊明的"采菊东篱下、悠然见南山"，再到海子的现代诗"我有一所房子，面朝大海，春暖花开"可以看出，与自然结合的自然观已经内化为一种基因渗透在我们的日常行为之中。

> 图3-15　装饰品丰富的室内空间

中国传统的室内外营造美学中有独特的自然观念，对于自然的向往体现在古典园林之中，也体现在传统的民居之中。比如明代计成《园冶》中提出园林的构建讲求"虽由人作，宛自天开"，表达了在设计中要法于自然、顺应自然，使园林如天然造化而成，体现了朴素的自然观念。此外，中国传统民居中也有自然观念的体现，比如南方民居中的天井（图3-16），有通风、采光、排水的功能，徽派建筑有着"四水归堂"之说，寓意着财气的汇集。古建的文化理念来源便是天人合一的自然哲学思想。

基于人们对自然的亲近与喜爱，软装饰设计的自然观主要表现在软装饰设计中对于人性的关怀。在城市化的进程中，人们居住在钢筋混凝土的丛林之中，与自然亲近的机会很少，对于自然的向往也就与日俱增。软装饰的自然观是希望在室内设计中从人们的生理和心理出发，利用借景、造景等手法将自然引入室内，来缓解城市生活带来的焦虑与压力，使人们从日常工作的疲劳中解放出来。这也是当今乃至未来室内软装饰设计不可忽视的话题，必须予以足够的重视。

国外的设计观念中也有自然与设计的结合，例如罗马万神庙穹顶巨大圆形洞口由于当时建造技术的限制而留存，洞口与外界自然连通，天气晴朗时一束阳光从天而降洒落在大殿上，营造了一种神圣庄严的氛围，而雨天时雨水从洞口倾泻而下，飘落在朝圣者的身上使之如同沐浴"天恩"一般（图3-17）。万神庙建筑体现了当时建筑与自然的融合，这样的设计也并

> 图3-16　民居的天井

> 图3-17　罗马万神庙采光孔

非刻意，而是自然产生的。在新艺术运动中，一部分设计装饰也体现了对于自然元素的应用，例如植物纹样的设计和曲线型的设计在一些纺织印染等室内软装饰中均有体现（图3-18）。

室内软装饰设计的自然观体现形式是多元化的，不局限于一草一木、一花一叶的植物景观。具体运用可以体现在如下方面。

① 对于材料的选择。自然材料对于室内软装饰有重要的影响，尽量运用天然的材料，营造一种朴素、简约、自然的室内设计氛围。室内常见的自然材质主要有原木、竹藤、石材、皮革、麻质等，可以依据表达主题和情感的不同选取不同的材质，也可以选取一些织物如壁挂、草垫，以及芦缨、干莲蓬、枯叶等天然饰品。天然材料在一些软装饰细节设计中会营造独特的气质氛围，比如一般在乡土设计中也会依据地域文化的不同选取当地的天然材料，材料的质感纹理同样蕴含着当地的文化特质（图3-19）。

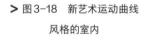

> 图3-18  新艺术运动曲线
　　　　　风格的室内

> 图3-19  自然材质的室内
　　　　　软装饰

② 软装饰的色彩控制。在软装饰设计中色彩尽量不要喧宾夺主，在明确室内色彩主导色的前提下，通过对比色、同类色等不同色彩的搭配起到烘托氛围的作用。对于软装饰中的材料应尽量保留其本真色彩，充分体现不同材料的质感肌理。

③ 自然光的应用。光影是自然与室内结合最为紧密的元素，在设计中对于光的引入手法、人与阳光的互动设计均体现了软装饰的自然观，例如通过隔断、窗户或顶棚的设计均匀控制着室内自然光线的引入与流通（图3-20）。

④ 室内造景运用。在室内陈设中尽可能选取一些自然元素，比如自然的花草、山石、流水、游鱼等。自然景观的应用对于改善室

> 图3-20  采用自然光的室内

内的环境质量有非常重要的意义，使人们足不出户便可以亲近自然，也对室内的氛围有很重要的点缀作用（图3-21）。

### 3.2.3　室内软装饰设计的生态观

当代的室内软装饰设计健康、环保是第一位的，"健"而后论工拙。对于当前的室内软装饰设计而言，生态观就是要在极大满足居住者使用需求的情况下，确保软装饰的每个环节都要融入生态理念。从设计、选材到施工，乃至室内软装饰的全生命周期都要遵循生态环保的理念，合理利用生态学原理指导软装饰设计活动，实现资源的合理配置，构建良好的生态环境，营造健康的居住氛围，让室内成为诗意的栖居地。

> 图3-21　室内景观

在室内软装饰的设计中，要实现整体环境上的生态观，务必要遵循节能原则、适度原则以及可持续原则。这种生态观可以说是贯穿了室内软装饰设计的始终。

首先在设计过程中，要从保障使用者的身体与心理健康角度出发，遵循以人为中心的原则，在软装过程中尽可能选用符合环保要求的健康材质，避免材料产生有毒有害物质。其次要解决室内与建筑周边的噪声污染和光污染的问题，关注软装饰对于人的心理与情绪的影响。在设计中尽可能遵循适度的原则，避免过度装饰，尽可能采用环保的软装元素，比如采用一些环保的竹木、织物作为墙体或隔断使用。室内的陈设设计中，可以加入植物陈设，美化室内环境的同时又可以净化室内空气，也便于人们在日常的生活中亲近自然，带给人愉悦、舒适的生活体验（图3-22）。

在方案的预备阶段，最重要的是材料的选取。在平时的设计中，设计师往往会注重材料的实用性而忽略了材料本身的环保性，没有考虑到材料的全周期使用。在软装饰的设计过程中，选取材料的首要条件是健康、无毒、无污染、生产过程能耗低，比如说用硅藻泥环保涂料可替代墙纸和乳胶漆用于内墙装饰，避免甲醛释放，保护环境的同时亦可保障居室内人的健康（图3-23）。

> 图3-22　竹材作为隔墙的室内空间

> 图3-23　硅藻泥墙面

在施工的阶段，合理使用装修的资源，尽可能节约材料，减少材料的浪费以及包装废弃物的数量。在装修中避免污染物的过度排放，在一些软装家居的选取上可以选择节能家居，关注使用过程中的能源消耗问题。

### 3.2.4　室内软装饰设计的科技观

人类文明的发展历史，实质上就是在技术革命推动下的人类社会进步史。迄今，人类已经历经了三次技术革命，即农业革命、工业革命和信息革命。设计是人类文明的一种表现形式，它的变化也无时无刻体现着技术的进步。室内软装饰设计作为人居环境的组成部分，是由空间环境、视觉环境、心理环境、物理环境等诸多方面共同组成的，它通过声、光、热、电等因素影响着居住者在室内的舒适性与便利性。在室内软装饰设计中，科技观的核心应是以人为中心，通过科技的介入来提高居室的安全性、便捷性、节能性与生态性，以此增强居住的舒适度。

一般而言，室内软装饰设计的科技观主要体现在两个方面。

其一是体现在软装饰的材料应用与施工工艺方面。目前有一些建材生产厂家在大力研发绿色环保饰材，一些抗菌、防辐射的新型材料的应用从根源上阻断了材料对室内的污染。科技的介入可以进一步降低材料的损耗，例如科技木的运用。科技木又称为重组装饰材料，是以人工林或普通树种木材的旋切（或刨切）单板为原材料，采用单板染色、层积胶合、模压成型、电脑模拟设计等技术手法，在不改变木材原有的微观结构和理化性能的前提下，生产出具有天然珍贵树种木材质感、花纹、色调等特性的或其他艺术特色图案的新型木质装饰材料。科技木作为天然木材的代替品，广泛应用可以减少对天然林的使用，也规避了木材本身的材料缺陷，使其装饰性能、使用性能都得到极大优化（图3-24）。此外，科技型灯具的优势也是传统型灯具无法比拟的。这种灯具在节约能源的同时又提高了室内的亮度和光线的舒适度，而且造型美观、使用寿命长，已经成为室内灯具的主流产品（图3-25）。

> 图3-24　科技木花色及科技木地板

其二是体现在智能家居方面。当代，以互联网为主导的信息化、网络化正成为时代的主题。各个国家也都在积极探索设计与网络的结合，诸如德国倡导的"工业4.0"，中国提出的"互联网+"等都是探寻设计与当代科技的结合。科技对室内设施有着重要的影响，在软装饰设计中合理引入智能家居与多种智能技术不仅可以提升生活的便利性、安全性，也能够极大改善人们的生活品质。近几年智能家居获得了长足的进步，很多的科技型企业都在积极研发全屋智能家居产品，例如小米的智能家居、华为的智慧生活、苹果的智能家居生态等，可以通过远程遥控来开启家用电器，或通过声控、温控以及自动感应等方式来调节室内的温度、湿度和亮度，这些都是科技融入生活的典范。在科技的加持下，智能家居与人交互，在提高人们生活舒适度的同时，也在一定程度上改变着人们的生活习惯及行为方式（图3-26）。

> 图3-25　艺术与技术统一的落地灯　　　　　> 图3-26　智能家居

除此之外，随着5G技术的"万物互联"以及"智慧型社会"的深入发展，很多高科技的成果也不断融入生活，给人们带来愉悦和享受。例如在商场、酒店、图书馆、交通枢纽等公共空间，以及大型的家庭空间中，根据个性化需求安置全息投影、静音舱、太空椅等游乐设备。这些科技型的器物和设施介入生活空间，不仅可以减缓当代人的工作、生活压力，同时也促使人们重新认识到科技的价值，即科技不再是冰冷的产品，而是可以怡情悦性的生活伴侣。它的出现让生活变得更有品质，也使人们感受到科技让生活更美好。

# 3.3　室内软装饰设计的空间作用

## 3.3.1　美化空间环境

软装饰作为装饰，最基本的功能就是美化空间环境。软装饰不仅要满足实用性，更要追求装饰性。软装饰色彩、材质、纹样、造型的选择或塑造都是美化环境中重要的环节。家具体量大、功能性强，往往被放置于空间的中心位置，这就对家具的装饰性有了一定的要求。一个造型别致、色彩明艳的家具一定是空间的视觉焦点，在美化空间上担任着重要的角色。织物、装饰品、植物的装饰性要强于实用性，较小的体量使其在空间局部美化上起着重要的作用。

### 3.3.2 营造空间氛围

氛围强调的是空间给予居住者的情感与心理感受。在室内空间中可以运用色彩、材质、纹样、造型、光影等元素表达出设计者想要传达的情感，如轻松愉悦、神圣庄严、宁静闲适等，让设计者、使用者与空间产生情感上的共鸣。如贝聿铭先生设计的苏州博物馆，在主入口通往展览空间的连廊设计中，其顶部运用桁架结构来代替封闭的顶面。当光线透过屋顶密列的桁架投射到室内的墙壁上时会形成一种有秩序感的、渐变的光影图案，而且光影会随着时间的变化呈现出阴阳晦明的变幻。参观者行至此处会感受到光影带来的情趣（图3-27）。

> 图3-27　柏林犹太人博物馆

### 3.3.3 塑造空间风格

空间风格是指通过空间中各个元素的组合所表现出来的空间相对稳定、内在，反映时代、民族或艺术家的思想、审美等的内在特性。不同风格的软装饰蕴含着不同的文化内涵，通过软装饰的色彩、材质、纹样、造型表现出来。鲜明的空间风格需要相同风格的软装饰协调组合，如我们要塑造一个中式风格的室内空间，就要选择具有中国文化特色的软装饰。图3-28中这一中式空间设计，在主体上采用素色，营造出清新素雅的色彩基调，墙面大面积的简约式博古架，放置仿制瓷器、书籍以及工艺品。餐桌上的花瓶里插着一支蝴蝶兰，家具在整体上采用传统的对称布局形式，植物自然的形态是"师法自然"的体现。以上这些元素的组合形成了一个具有鲜明中式风格的空间。

> 图3-28　中式风格的软装设计

### 3.3.4　分隔空间功能

　　不仅硬装修能够分割空间,软装饰也具有分隔空间的功能,即让两个空间在功能上各司其职,但又相互存在联系、不完全隔离。家具的功能代表了空间的功能,家具存在于空间中就在一定程度上限定了人的活动与空间的用途。传统中式空间中的屏风、织物中的帷幔(图3-29)都明示或暗示了空间功能的转换。利用软装饰进行空间分隔,可以使空间功能更加灵活多变,丰富了空间层次感,让室内空间被更充分地利用起来,使空间具有私密性的同时也能够与其他空间保持联系。

> 图3-29　空间功能的转换

### 3.3.5　丰富空间体验

　　室内空间体验的来源是软装饰的色彩、材质、纹样、造型、空间形式与文化。使用者在空间中通过视觉、听觉、嗅觉、触觉、味觉五感多方位地感知空间,产生丰富的空间体验。视觉是人感知空间最主要的途径。软装饰除了为使用者塑造多样的视觉体验外,也从听觉、嗅觉、触觉等方面影响着人的感知。家具的造型决定了人的活动形式,低矮的茶桌让人席地而坐(图3-30)、坚实细腻的木质家具、植物散发的淡淡清香、盆景中传来的潺潺水声,容易使人联想到悠远厚重的东方文化。软装饰带来的丰富的感知与使用者精神世界的联想产生共鸣,营造了一个更加具体的、富有东方文化的空间。

> 图3-30　现代空间中的矮形家具

# 3.4 室内软装饰设计的空间分隔

清嘉庆《养心殿联句》写到："是处正殿十数楹，……其中为堂、为室、为斋、为明窗、为层阁、为书屋。所用以分隔者，或屏、或壁、或纱橱、或绮栊，上悬匾榜为区别。"室内环境中起分隔作用的软装饰和构件很多，它们以不同的方式划分空间并限定空间范围（图3-31）。

> 图3-31 传统空间的室内分割

> 图3-32 绝对分割

## 3.4.1 绝对分隔

绝对分隔是指利用墙体等无法移动的界面将两个空间完全隔离开来。以这样的方式分隔出的两个空间有着明确的分界线，并能够将视线、声音等从很大的程度上隔绝，因此具有很好的私密性和抗干扰的能力。但正因如此，绝对分隔产生的空间与周边其他空间之间的流动性很差，大部分的视觉信息、听觉信息等被实体隔离在外，能够获取到的信息很少（图3-32）。这种分隔方式在室内空间的应用并不多，主要用于分隔两个功能分明的空间，最常见的是建筑外墙将室内、室外空间进行分隔。

## 3.4.2 局部分隔

局部分隔是指用片断的面（屏风、翼墙、不到顶的隔墙和较高的家具等）划分空间。限定度的强弱因界面的大小、材质、造型而异。局部分隔的特点介于绝对分隔与象征性分隔之间，有时界限不大分明（图

3-33）。这种分隔方式的作用是将两个空间隔离开的同时保持一定的流动性，限定可视空间的范围，对部分区域进行遮挡。局部分隔在室内空间中适用的频率很高，这类分隔方式的分隔物以屏风和太师壁最为常见。例如养心殿穿堂门口的屏风，对从外部进入房间的人形成视线上的阻隔，为房间内部的人赢得了缓冲的时间与空间，具有一定的私密性，但不影响声音的传达。又如普通民居的居室空间，女子的闺房对私密性的要求较高，本身就位于宅院深处。在这样的室内空间中，房间门口处或床榻、化妆桌附近设置的屏风可以遮挡住房间内大部分的空间，让私密性更强。太师壁具有很强的装饰性，常用于南方民居建筑的厅堂中，对称的形式营造出庄重感与秩序感。太师壁的形式为左右对称留有出入口，中间部分为具有流动性的局部分隔，分隔出的两个空间界限明确（图3-34）。

### 3.4.3　象征性分隔

象征性分隔是指用片断、低矮的面，罩、栏杆、花格、构架、玻璃等通透的隔断，家具、绿化、水体、色彩、材质、光线、高差、悬垂物、音响、气味等因素分隔空间。这种分隔方式的限定度很低，空间界面模糊，但人们能通过联想和"视觉完形性"感知，侧重心理效应，具有象征意味。在空间划分上是隔而不断，流动性很强，层次丰富、意境深邃（图3-35）。

各类罩（包括落地罩、栏杆罩、天弯罩等）在古代中国室内空间中是十分常用的空间分隔物。罩的形式不如太师壁的遮蔽性强。落地罩与栏杆罩在空间中塑造了虚无的门的形象。落地罩的左右为槅扇，能够完全遮蔽一部分空间。栏杆罩顾名思义，就是将左右部分的造型做成栏杆的样式，中部及上方几乎全部镂空，下方为有镂空花纹的形式。如养心殿穿堂与后殿明间之间以落地罩暗示空间转换，后殿的东次间用栏杆罩将空间分为了两个部分。天弯罩是不落地的罩，仅在空间的上半部分分隔空间，如储秀宫西次间坐榻与坐榻前的空间就是用天弯罩进行象征性分隔的（图3-36）。

> 图3-33　用格栅分隔的空间

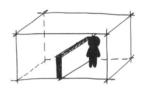

> 图3-34　局部分割

> 图3-35　用花格分割空间

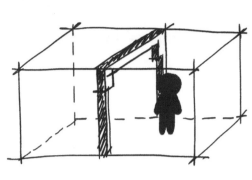 

> 图3-36　象征性分割

　　多宝阁、书架等通透的柜架类家具也常用于空间分隔，常见于书斋空间。用此类家具不仅可以起到分隔空间的作用，而且装饰性和实用性很强。从装饰品与书本间的空隙处可窥见柜架后的空间，欲遮未遮的效果营造出朦胧、浪漫的空间氛围（图3-37）。

> 图3-37　用多宝阁分割空间

　　地台类建筑构件同样能够起到分隔空间的作用。与罩、多宝阁等通过立面来分隔空间的分隔物不同，地台以抬高局部空间的形式划分出隐性的界限。同样，下沉式空间亦是如此。地台在特定的室内空间中常有使用，尤其是在办公、政务、举行典礼等礼仪性空间中。如北京故宫养心殿前殿明间的地台较为低矮，仅有一步之高。太和殿是举行重大典礼、在重大节日举行宴会的宫殿，是紫禁城内等级最高的建筑。其室内皇帝的宝座位于高大的地台之上，将皇帝与大臣完全分隔开，同时通过地台的高度强调皇帝的至高地位（图3-38）。

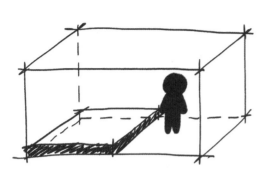

> 图3-38 用高低差分割空间

### 3.4.4 弹性分隔

弹性分隔是指利用拼装式、直滑式、折叠式、升降式的活动隔断和幕帘、家具、陈设等分隔空间，可以根据使用要求而随时启闭或移动，空间也就随之或分或合，或大或小。这样分隔的空间称为弹性空间或灵活空间。

弹性分隔在中国古代室内空间中习见于竹帘、织物、折屏的使用（图3-39）。竹帘作为窗户或开放式室内空间的遮蔽物的例子较为多见。竹帘收起后可悬于窗户和建筑物上部，放下后具有一定的视线遮蔽作用，但仍具有透光性，视觉信息不会被完全隔绝。织物作为分隔物的应用非常广泛，尤其在室内空间中，装饰性强、灵活性强、质地柔软具有良好亲肤性的特点让人们乐于使用织物来分隔空间。用织物做成的幕帘、帷幔、帷帐可以用在窗口分隔室内、外空间；可与罩一起使用来分隔空间；可作为门帘分隔两个房间；用于床榻处可将床榻四面围合，隔离出完整的私密空间。在使用时可以完全分隔空间，亦可在不使用时向两侧收起，增强空间的流动性。折屏相较于座屏的特点是可变性强，能够随需要而围合成不同的空间，可在一面形成遮挡或背景，也可以三面围合甚至四面围合（图3-40）。

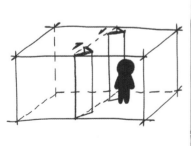

> 图3-39 弹性分隔空间

> 图3-40　用幕帘和折屏分隔空间

## 拓展阅读

彭一刚，《建筑空间组合论》
丁俊清，《中国居住文化》

## 思考与练习

营造优雅的空间氛围有哪些手法？

# 室内软装饰设计
# 的构成元素

# 4

学习目标

1. 完整认识室内软装饰设计的构成。

2. 了解陈设、景观、灯光、纹饰在营造室内环境中的作用。

3. 能够熟练运用各种构成元素进行室内软装饰设计。

# 4.1　室内陈设

## 4.1.1　室内家具

　　家具作为室内软装饰的主要构成元素，其概念有广义和狭义之分。从广义角度来讲，家具是室内使用器具的统称，具体指室内设施和可移动装置。而从狭义角度来讲，家具则是在生活、工作或社会交往活动中供人们坐、卧、躺或支承与储存物品的一类器具与设备。本节主要是从广义的角度来探讨作为软装饰组成部分的室内家具元素。

　　纵观历史，室内家具的造型演变与建筑风格具有紧密的联系，同时又受到地域文化和时代的影响。古希腊时期的室内家具受建筑柱式影响颇多，多立克、爱奥尼、科林斯是古希腊建筑中的典型柱式，也是西方古典建筑室内软装饰设计特色的基本组成部分。这几种柱式不仅用于室内空间，而且其造型还出现在家具之中，成为典型的古希腊风格的坐具（图4-1）。

> 图4-1　古希腊时代的室内家具

　　古罗马时期的家具常采用与战争题材相关的装饰图案，如战马、花环、雄狮。庞贝遗址是古罗马生活的真实留存，壁画绚丽丰富，多用壁龛、雕像等作为室内装饰（图4-2）。

　　哥特式风格是对古罗马风格的继承与发展，在造型上弃绝了古罗马风格的单圆心拱形式，发展了双圆心拱。尖耸的双圆心拱造型成为哥特式最典型的样式。直升的线形、体量急速升腾的动势、奇突的空间推移是其基本形式语汇。众所周知，哥特式建筑的结构体系由石制骨架券和飞扶壁组成。尖形拱门、尖肋拱顶、修长的束柱等是哥特式建筑的主要特征。哥特式家具深受哥特式建筑的影响，在造型上模仿建筑的尖顶、玫瑰窗等元素，形成了一种独特的风格（图4-3）。

> 图4-2　古罗马时代的室内家具

> 图4-3　哥特式室内家具

文艺复兴式建筑讲求秩序和比例，不仅拥有严谨的平面和立面构图，而且承袭了从古典主义以来的柱式体系。文艺复兴式家具大量融合了古希腊、古罗马的古典元素，并在此之上进行创新，创造出既有古希腊典雅优美，又有古罗马豪华壮丽的一种风格。由于吸收了当时建筑的细节元素，文艺复兴式家具注重艺术与实用功能结合，重视对称与平衡的美学法则，在造型上给人一种和谐、稳重的美感。文艺复兴时代是欧洲全面复兴古典风格的时代，当时的社会思想开放、经济富足，在家具造型方面发展了繁冗的装饰风格。诸如家具多采用雕刻、镀金、镶嵌的工艺，形式绮丽。文艺复兴时期的室内软装通常模仿古罗马贵族的室内环境，爱用大理石、壁画、挂毯等装饰房间，再配以雕刻繁复的各种家具，给人一种豪奢、自由、奔放的感觉（图4-4）。

> 图4-4　文艺复兴时代的家具

巴洛克风格追求一种宏大、热烈、富于动感的视觉效果。与文艺复兴时期的风格不同，巴洛克风格以浪漫主义作为设计的出发点。它强调建筑、绘画、雕塑以及室内环境的综合性，并吸收了当时文学、戏剧、音乐领域里的一些特征，突出夸张、浪漫、激情、非理性和幻想的特点。

巴洛克风格家具在造型上大量采用曲线和曲面，强调层次和深度，突破了文艺复兴古典主义的一些程式和原则，雄伟、豪华、富有气势。座椅类家具首次使用纺织布料的包覆方式，开创了软体家具的先河（图4-5）。

> 图4-5　巴洛克风格的家具

巴洛克风格家具的细节设计服务于整体结构，从而加强了结构的和谐统一，完全摆脱了过去时代借用建筑造型装饰的偏向，使欧洲古典家具进入了一个新的时期，其深远的影响一直延续到现代。

洛可可风格是对巴洛克风格的反叛，它的总体特征是轻盈、华丽、精致、细腻。以欧洲封建贵族文化的衰败为背景，体现了贵族阶层颓丧、浮华的审美理想。

不同于以往形式美中对称与均衡的艺术规律，洛可可风格是一种非理性的设计，室内装饰常采用动植物元素，有高耸、纤细、非对称的特点，打破了经典的对称美和平衡的艺术规律，吸收了曲面变化的流动感，模仿了贝壳、海螺和岩石的形状，用复杂的波动曲线，追求运动的纤细和华丽。洛可可风格的家具设计借用了室内装饰的元素，经常采用大镜面、大理石、瓷器、花环、果实、绶带、弓箭及贝壳等图案装饰家具表面。色彩方面，洛可可式以青色、白色为基调，模仿西欧上流社会妇女的肤色。家具常装饰有天蓝或乳白色调的浮雕和石膏雕刻，细部经常饰以金色的线条或彩绘。

洛可可式座椅常包裹以锦缎面料，腿部造型呈S形，造型温婉、形式优美。材料以椴木、橡木、榉木和胡桃木为主，家具表面装饰采用鎏金、镶嵌等工艺（图4-6）。

> 图4-6 洛可可风格的家具

工业革命以后，家具设计与建筑设计、室内设计、工业设计一样演进到了现代风格。现代风格的家具在形式上基本抛弃了装饰中的古典主义元素。受洛斯"装饰即是罪恶"以及密斯"少就是多的"思想的影响，家具设计步入了减少装饰的功能主义时代。点、线、面等几何元素是其基本语汇，荷兰风格派的家具在这一方面可谓是做到了极致（图4-7）。现代主义的家具功能明确、形式简洁，没有繁冗的装饰。色彩上以白色、黑色和黄色等原色为主。材质更加丰富多元，木材、钢材、皮革、麻布等是其常用的材料（图4-8）。与古典主义相比，现代风格的家具虽然形态简化了、审美单纯了，但在人性化设计方面则是传统形式无法比拟的。现代家具更加注重人的生理和心理感受，将人体工程学的因素融入设计之中，在设计中综合考量人的肢体尺度和生理结构，使家具的使用更为舒适（图4-9）。不同功能的家具其座面的高度、宽度以及进深也有差别。尤其是北欧斯堪的纳维亚风格的家具在人性化方面做得尤为突出（图4-10）。20世纪60年代以后，随着现代主义的衰落以及多元化时代的到来，功能主义受到批判。当人们在物质上富足之后，单纯的功能主义已经无法满足他们的需求，家具的审美性、文化性、趣味性被提上日程。特别是80年代以后随着环境危机的加剧，生态设计、绿色设计以及可持续设计成为家具设计的主流（图4-11）。一些体现生态和自然的家具开

> 图4-7 风格派家具

> 图4-8　现代风格的家具　　　　　　　> 图4-9　人性化风格的家具

> 图4-10　北欧风格的家具

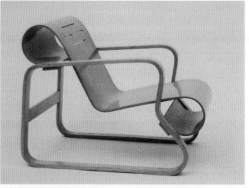

> 图4-11　绿色风格的家具

始流行。今天，作为一个多元化的时代，已经没有任何一种风格能够成为压倒其他的主流风格，不同风格、不同形式的家具的并存成为一种趋势，同时也造就了当代蔚为大观的家具艺术形式。

### 4.1.2　室内灯具

　　灯具是室内软装饰设计重要的组成部分。从其发展演化可以看出，灯具从最初的照明工具已经升华为今天的照明艺术。人们对室内灯具的追求已不仅仅是亮度、照度、色温等功能因素，而是在注重功能的同时越来越重视它的装饰性和艺术性等审美因素。所以，今日的灯具是艺术与技术的集合、物质与审美的统一。

室内灯具形式各异，依据安放位置的不同可以分为天花照明、墙壁照明、地板照明、摆放照明或特殊照明。因此也就产生了吊灯、吸顶灯、壁灯、射灯、台灯、落地灯等灯具类型。下面我们就分门别类地对这些灯具类型进行介绍。

（1）吊灯

吊灯大多数是光源上部有吊杆或者吊链的灯具。吊灯一般悬挂在室内顶部，作为室内的主光源运用。在选择吊灯时，注意它的造型、色彩、材质以及色温都会对整体的环境氛围有重要影响（图4-12），一般在设计普适性照明的时候大多会悬挂在距离地面2100mm以上的高度，而作为局部照明的时候则大多悬挂在1000 ～ 1800mm的高度，更多强调室内局部空间，这种局部照明在餐厅、咖啡厅等公共空间使用较为普遍（图4-13）。另外，灯罩的大小、颜色、层次、照射范围以及安放的位置均对向下或向上的投光量有所影响。

> 图4-12　吊灯的形式与环境氛围

> 图4-13　餐厅的吊灯形式

> 图4-14 吸顶灯

（2）吸顶灯

吸顶灯与吊灯同属于天花照明范畴。它们的区别在于，吸顶灯取消了吊杆，直接放置在天花板上。吸顶灯一般体量大，照射范围广，属于均匀照明。其灯光明亮，易于调光，形式多样，适用范围广，是公共空间（例如会议室、办公室）和住宅空间（例如客厅、起居室、卧室等）常用的灯具（图4-14）。

（3）嵌顶灯

作为辅助照明的嵌顶灯是安装在天花板吊顶内的半隐藏式灯具。它是室内主光源的补充性光源，一般用于弥补主光源照明的不足，或作为强调性光源来使用。但现代的很多室内也直接用嵌顶灯来代替吊灯或吸顶灯作为室内的主光源。嵌顶灯是将灯具或灯光隐藏，在照明时既满足了照明的需求，又不会使周围环境有眩光出现，因而整体的光照较为柔和。由于没有灯具突出，所以也不会对空间有所影响，这类灯光常用于大厅、门厅、玄关以及过道等空间，在一定程度上可以起到照明和导引作用（图4-15）。

> 图4-15 嵌顶灯

（4）壁灯

壁灯是安装在墙面上的辅助性照明，大多为间接式照明，功率在1～20W之间。壁灯一般照度较小、光线柔和，所以大多只能作为装饰性或辅助性光源使用，起调节空间氛围的作用，例如在一幅装饰画旁边或在走廊的两侧放置壁灯，与其他的灯具搭配使用，或是放置在餐桌旁增加进餐的温馨气氛，包括一些卫生间镜前灯也属于壁灯（图4-16）。另外也有的用设计独特的壁灯

> 图4-16 壁灯

作为一个艺术装饰增强室内的美感和魅力（图4-17）。

> 图4-17 创意艺术壁灯

### （5）落地灯

落地灯一般是放置在地面上做局部照明使用的灯具。当前在室内软装饰设计中，落地灯往往作为装饰性陈设使用，照明功能是其次的。落地灯的特点是体积轻盈、便于移动，在角落的局部可以营造环境气氛（图4-18）。依据灯光的照明方式，落地灯有上照式和直照式之分。上照式落地灯依靠的是天花板的反光照明，光线较为柔和。直照式的落地灯大多带有灯罩，光线比较集中。通常落地灯会放置在沙发或书桌旁，使用者坐在落地灯旁会形成一个温馨舒适的空间，可以看书亦可娱乐（图4-19）。

> 图4-18 落地灯　　　　　　　　　　　　　　> 图4-19 起居式落地灯

### （6）台灯

台灯一般是放置在床头、案头、书桌或茶几之上，起局部性照明作用的小型灯具。放置在床头的台灯大多选用暖黄或暖白光色温在2000～3000K，其主要目的是创造一种朦胧温馨的气氛，方便使用者晚间在卧室睡前使用。放置在书桌上的台灯，大多灯光为白光或冷光，色温在3000～4500K。白光或冷光有助于注意力的集中，提高工作和学习效率（图4-20）。

> 图4-20　台灯

（7）结构性照明灯具

结构性照明灯具大多是在家具内部，或是放置在墙壁上的照明设备。主要包括格片反射照明、暗槽反射照明、发光带和发光顶棚等，其中大多为间接照明，暗槽为半间接照明。结构性照明属于装饰性照明或点缀性照明，例如在书柜、酒柜或衣柜内部每层格板内布置照明灯带，厨房、卫生间的上层储物格面对操作台、洗漱台所设的暗槽灯，既方便了日常使用，又起到了装饰作用，可谓是一举两得（图4-21）。

> 图4-21　结构性照明灯具

## 4.1.3　室内艺术品

室内艺术品包括绘画作品，也包括雕塑、工艺品、各类文玩、器具、书籍甚至某些特殊门类的收藏品。毕竟人们的兴趣爱好是多元的，这也就决定了室内软装饰艺术品的多元形式。

由于室内艺术品的种类繁多，受篇幅所限无法尽述，只能对其进行笼统的分类（图4-22）。从类型学的角度来看，室内的艺术品大致可以分为两类，即平面类艺术品和立体类艺术品。

> 图4-22　室内艺术品

（1）平面类艺术品

平面类艺术品包括国画、油画、水彩画、丙烯画等在内的中西方绘画、摄影作品、植物标本、招贴海报、装饰布艺、织物壁挂（挂毯）和墙面彩绘等（图4-23）。平面艺术品的主要悬挂场地是与人的视线垂直的墙面，一般在选择时需要综合考虑室内空间的使用性质、空间功能和居住者的兴趣爱好、审美意向等因素，来悬挂适当的平面艺术作品。这些作品的应用，不仅可以很好地营造室内艺术氛围，同时也能极大提升室内空间的品质和韵味。

> 图4-23　墙面彩绘

平面类艺术品的装裱形式会影响它的观感。中国画最原始的装裱方式是采用立轴、横轴等卷轴的形式。这种装裱方式具有较大的缺陷。首先是不易保存，由于绘画作品长期暴露在空气中，久而久之作品会泛黄、老化；其次是不便于清洁，绘画作品在室内悬挂久了，会落上一些灰尘，清理画面的灰尘时容易误伤画作；最后是卷轴类的绘画更适合在传统空间或新古典风格的空间之中，不太适合现代空间。为了更好地保护艺术品以及适应不同风格的室内，除特殊场所外，近年来国画等艺术品更多使用镜芯的装裱方式，即将绘画作品镶嵌在有玻璃或亚克力覆面镜框之内（图4-24）。

> 图4-24　中国画

　　油画、丙烯画、摄影作品大多采用传统的油画框，也可以用无框的方式，受这些作品本身的材料影响，可以不用加玻璃保护。其余品类的绘画作品，诸如水彩画则以镶嵌镜框为主。布艺（蜡染、扎染等）（图4-25）、挂毯（图4-26）等艺术品直接悬挂在墙上即可。在室内软装饰方面选择好一幅或一组适宜的平面类艺术品，不仅能起到锦上添花或画龙点睛的作用，有时候甚至可以统摄全局，烘托出室内空间和使用者的品位。

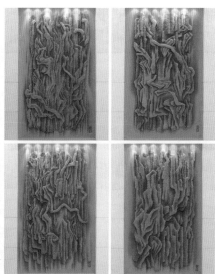

> 图4-25　布艺　　　　　　　　　　> 图4-26　挂毯

### （2）立体类艺术品

　　立体类艺术品是对包括各种雕塑小品、文玩清供（图4-27）、民俗物品、日用器具以及玩具玩偶等在内的室内装饰品的统称。立体类艺术品的主要装饰位置是在墙面、地面、桌面和橱柜等各种水平面上（图4-28），占据一个空间或分割一个空间，通过组合形成有秩序感的装饰。与所有装饰品陈列的原则类似，可以独立放置，也可以成双成组地组合放置。不过在安放这些立体类艺术品时，要注意它们之间形成的空间关系，如大小、主次、疏密、远近以及整体的视觉序列（图4-29）。

> 图4-27　室内的文玩清供　　　　　> 图4-28　室内立体类艺术品

（3）艺术品陈列

室内艺术品的用途在于欣赏。由于艺术品类别的不同，其陈列的方式也不尽相同，而陈列方式又影响着欣赏方式。为了更好地观赏这些艺术品，陈列方式主要采用以下两种形式。

① 悬挂类艺术品的陈列方式。采用悬挂方式展示的室内艺术品在类型上多以平面型为主。诸如此类的艺术品包括字画、匾额、楹联、织物等。而悬挂类艺术品的陈列方法通常又有两种：一种为单独悬挂于某一立面的中央，另一种为对称布置。其中匾额可单独使用，亦可与楹联组合使用。

> 图4-29　室内艺术品的摆设

② 放置类艺术品的陈列方式。采用放置式陈列的室内艺术品在类型上多是以立体类为主，如一些古董、工艺品或生活器物等。在立体类艺术品的陈列方式上，清代美学家李渔提出陈设要"忌排偶，贵活变"。刻意地排偶会导致僵化，因此，他说，"所忌乎排偶者，谓其有意使然，如左置一物，右无一物以配之，必求一色相俱同者与之相并，是则非偶而是偶，所当急忌者矣"。这也是现代室内美学中提倡的弃平均而取均衡的设计原则。对称的摆放在室内软

> 图4-30　放置类艺术品的陈列

装中也是十分常用的，特别是在一些具有传统风格的室内之中。它通常追求的是一种四平八稳、中正无邪的视觉平衡感（图4-30），所以采用对称形式的艺术品在形态上可以是完全相同的，也可以是不同的。

无论采用何种陈列方式，切记不要拘泥于固定形式，贵在"活变"，在变化中求得创新。

## 4.1.4　织物装饰

室内软装饰中的织物主要包含窗帘类、地毯类以及其他织物类。

（1）窗帘

窗帘具有遮风避光、调节室温的作用，同时也有从视觉上区分室内外、减音降噪、保护私密等功能。窗帘作为室内一种大面积的软装饰，占据使用者相对多的视野，因此对室内软装饰的效果有较大影响。

窗帘的材质类型多样，包括棉麻、丝绸以及聚酯纤维等，这类窗帘质地轻盈、色彩艳丽、图案繁多，易于清洗更换，成为室内窗帘艺术的主流。不管风格、材料如何，其形式主要有三种：平拉式、楣帘式、升降式（图4-31）。

平拉式窗帘　　　　　　　　　　楣帘式窗帘　　　　　　　　　　升降式窗帘

> 图4-31　窗帘的形式

① 平拉式窗帘。平拉式窗帘是一种最普通的窗帘式样。这种式样形式简洁，没有装饰，尺寸易调，悬挂和掀拉都很简单，适用于大多数窗户。闭合方式可以分为一侧平拉式和双侧平拉式，适用于现代风格的室内空间。

② 楣帘式窗帘。与平拉式窗帘相比，楣帘式窗帘的式样要更加复杂且富丽堂皇。这种式样的帘头往往由褶皱的布料装饰而成，可以遮挡帘轨及窗帘顶部。这一类窗帘适合层高较高且具有古典意蕴的室内空间。

③ 升降式窗帘。升降式窗帘又称罗马帘，是一种通过上下收放、卷舒来调节室内空间光照的窗帘形式。这种样式的窗帘体积较小，节省空间，一般适用于宽度小于1.5m的窗户。当阳光只照到半个窗户时，升降式窗帘既不影响采光，又可遮阳。

（2）地毯

地毯作为保护地板、划分空间、增强室内层次的一种软装饰物（图4-32），自古以来就是室内设计不可或缺的组成部分。地毯按照制作工艺、用途、材质的不同分为很多类型。诸如，按制作工艺分为手工栽绒地毯、手工编织平纹地毯、手工簇绒地毯、手工毡毯、机制地毯等；按用途分为地毯、炕毯、壁毯等；按原料分为羊毛毯、丝织毯、棉麻毯、化纤毯等。尽管地毯有不同的材料及样式，但却都有着良好的降音降噪、防滑防摔、净化空气以及点缀室内的作用，其丰富绚丽的色彩和花纹、温暖柔软的触感，让室内更温馨，更有人情味。

> 图4-32　室内地毯

# 4.2　室内造景

## 4.2.1　室内造景的功能

① 营造空间。室内景观对于室内空间的分隔、柔化与过渡有一定作用（图4-33）。在室内景观设计中，较为明显的便是绿景墙的设计，与室内隔断墙有同样的作用，或与家具结合作为屏风使用。另外，绿植也可以悬挂或放置在空间角落，对空间的美化有很大的作用。一些景观树在室内栽种甚至可以成为视觉焦点（图4-34）。在一些公共空间中，室内也有使用水景对空间进行引导或分隔。例如用水池划分空间，引导空间流线，或设计喷泉水景作为空间的节点。将景观作为室内软装饰的一种"材料"，把自然环境引入室内，使用得当会提高室内品质，让空间诗意盎然。

> 图4-33　室内景观

> 图4-34　室内绿植

② 绿化环境。很多的植物有降低噪声、增加湿度、净化空气的功能，可以调节室内环境。例如绿萝可以吸收空气中的甲醛、苯、三氯乙烯。吊兰能吸收空气中大量的一氧化碳和甲醛。鸭脚木则对香烟中的尼古丁有显著的吸附效果。君子兰具有较强的滞尘能力，对金黄色葡萄球菌、放线菌、黑曲霉以及木霉具有显著的抑制作用，尤其是对木霉的抑菌率比较高。植物在白天通过光合作用会增加室内的含氧量，对室内的微气候调节有一定作用。另外，水景也有增加湿度，去除浮尘，清新空气的积极用处。

③ 助益人体健康。自然景观对人的生理健康与心理健康均有益处。对长期生活在封闭干燥空间的人来说，接触绿色植物与水景会使身心愉悦，在湿度适宜、空气质量较好的环境中，人们会更为舒适。当人们观赏绿色植物时会刺激大脑皮层，激活神经系统，从而放松大脑，缓解工作压力。而且绿色植物对人的眼部放松也有一定作用，长时间使用电脑、平板、手机等电子设备的人群，多看绿植可以缓解眼部疲劳与精神压力，保持身心健康，提高学习工作效率。此外，一些特殊的植物对人有治愈作用，有的芳香植物释放的挥发性物质对改善人的情绪与健康，特别是改善人的亚健康状态有积极意义。植物的微量挥发物不仅具有杀菌消毒、净化空气的功能，而且对于调节人体神经系统，加强新陈代谢，促进身体健康，提高人体免

疫力均有一定益处。在一些功能特殊的室内，例如康复机构、养生保健馆等地方经常运用一些芳香植物进行装饰。这些植物的运用，既美化了空间，又愉悦了身心。

④ 体现地域传统文化。当前的室内软装饰设计更加注重地域文化的表达。不同的地域环境养育了不同的植物。在室内造景中运用当地的特色植物，可以营造出特定的地域性氛围，凸显当地的地域文化特色。例如运用"竹子"在室内造景，会让使用者产生对江南地区的联想（图4-35）。

> 图4-35　室内竹景

## 4.2.2　室内造景的构成元素

室内景观主要由两大部分构成：软质景观和硬质景观。其中软质景观又分为三类，分别为是植物、水体和山石。硬质景观主要包括亭、廊、桥、架等。本书主要探讨软质景观的营造，分别从以下三大构成元素分析室内软质景观的设计。

（1）室内植物

在大多数室内造景中，植物运用最为普遍，其种类也非常丰富。在植物的选取方面不仅要注重植物的美学效果，还要考生态效能。如植物生存环境的湿度、温度、土壤以及人的健康等方面。

① 植物从观赏性方面可以分为以下几类。

a.观叶植物：植物的叶茎具有观赏价值，叶片、叶缘、叶脉等均有美感。观叶植物有栽种型或悬挂型，是主要的室内软装饰造景元素，适用人群较为普遍（图4-36）。

> 图4-36　观叶植物

　　b.观花植物：植物的花朵作为主要观赏对象。这类植物通常色彩较为鲜艳，有白色、粉色、黄色等。另外，在满足嗅觉需求方面也有一定的价值，不过部分人群可能会对花粉过敏，所以在室内软装饰设计中要考虑使用群体，审慎使用，特殊情况可以以假花替代（图4-37）。

> 图4-37　观花植物

　　c.观果植物：以果实供观赏的植物，果实的色泽、形状以及香味等均有其观赏价值，经常取果枝插瓶放置室内观赏。常见的有金橘、佛手、黄金果、观赏辣椒、观赏西红柿等（图4-38）。

> 图4-38　观果植物

　　d.藤蔓植物：只能依附在其他物体（如树、墙等）或匍匐于地面上生长的一类植物，主要有藤本植物和蔓生植物。在室内造景中，将其与其他家具相结合，更利于艺术造型的打造，在室内运用较为广泛（图4-39）。

> 图4-39　藤蔓类植物

　　e.室内乔木：主要是一些小乔木，一般是观叶植物。常常作为室内的主景（图4-40）。

> 图4-40　室内乔木

　　f.水生植物：在室内软装饰设计中可以结合室内水景、鱼缸布置水生植物，也可以采用瓶插的方式。这样的植物种植要注重采光和通风。

　　g.干花或仿真植物：多用在商场、宾馆等通风、采光较为不利的封闭空间里。住宅空间不宜太多选用仿真植物（图4-41）。

　　② 室内植物布置方式。室内植物的布置有多种形式，与其他室内软装元素组合方式类似，在遵循空间和色彩美学原理的基础上，采取灵活多变的布局方式。

　　首先，小尺度的绿化种植，一般选择色彩或形状优美的单株植物，大多以盆栽的形式放置在室内角落或桌面上，也有与家具、灯具、相框相结合的方式（图4-42）。在这些绿植设计中，可以通过不同的花盆类型和放置方式来表达不同的风格。如图4-43所示，将盆栽放在编织框或相框内竖直放置在墙壁上作为墙壁的装饰物使用，非常有情调，体现了自由、随意的室内风格。不同的室内风格，放置的盆栽类型也不同，如图4-44（a）图，放置的盆栽颜色浓郁艳丽，（b）图放置的盆栽颜色清新淡雅，都与其餐桌环境非常和谐。所以在室内植物造景中，要综合考虑室内整体风格进行绿植摆放。

> 图4-41　仿真植物

> 图4-42　盆栽位置

> 图4-43　植物墙壁装饰

（a）浓郁艳丽的红花　　　　　　　　　　　　　　（b）清新淡雅的白花

> 图4-44　不同氛围下餐桌插花

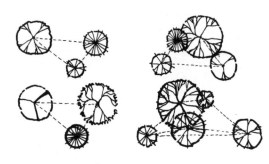

> 图4-45　植物排列方式

其次，在公共室内空间，一些大尺度的景观种植大多采用列植、丛植的方式按一定位置与距离排列。例如对植有引导空间的功能，线性种植也有划分空间、限定空间的功能，多株组合丛植可以形成林下空间，配合一些构筑物，形成室内景观供人们互动观赏（图4-45）。如图4-46所示，在大型公共空间中将树木按规律布置，搭配白色构筑物与地面汀步营造游客活动空间，既美化环境，也增加空间活力。

> 图4-46　大型公共空间室内植物

## （2）室内水景

中国人对山和水有着特殊的情感。孔子云："智者乐水，仁者乐山。"水与山不仅是园林的主要构成元素，同时也是室内软装饰造景的组成元素。水景作为室内软装饰的造景素材之一，依据水的形态可以将其分为静水、流水、落水和喷泉等。

① 静水。静水的设计大多是以池水的形式进行表现。水池的设计可以是规则的几何形，也可以是不规则的有机形。不同的类型要依据室内整体的空间结构和风格形式进行随形就势、因地制宜地设计。静水给人一种宁静、优雅的感觉，由于水面较为平静，如一面明镜一般，倒影景物较为清晰，会增加空间的空旷感。如果在静水中放置一些雕塑小品、山石、树木等，通过倒影成像，可以提升室内坏境的观赏价值（图4-47）。

> 图4-47　室内静水

② 流水。流水大多是动水，通过高差的变化使水流动。一般而言，动水会给人一种更为活泼轻快的感觉。室内的流水大多放在水槽内，所以流水的走向、水的形态以及流量跟水槽的设计极为相关，通过将水槽沟的宽度、深度进行变化，可以使流水的形态有更为丰富的动感，使人赏心悦目，水流潺潺的声音也会给人一种听觉上的享受。

③ 落水。落水景观的动感效果更强烈，一般以水流量划分为瀑或泉。从水声的大小来看，落水的声音更有力量感。通过水流量的变化，或清或浊，营造不同的室内氛围（图4-48）。

> 图4-48 室内流水与落水

④ 喷泉。喷泉一般在室内起装饰性的作用，可以营造一种更为活泼开放的空间效果。有一些较小的喷泉在静水面出现，落水的声音很小，更多的是起到一个点睛的作用，突出环境的安静优雅。而另外一些水流量较大的喷泉，其喷水面积较大，通过电子数控技术与音乐相结合，使人们在观赏水景的同时，亦可欣赏美妙动听的音乐，其景观效果更为异彩纷呈（图4-49）。

> 图4-49 室内喷泉

> 图4-50 室内石景

**（3）室内石景**

① 山石审美造型。山石与水体一样都是室内软装饰常用的造景素材。传统文化认为山石有辟邪镇宅、趋吉避凶的作用，同时又兼"时（石）来运转"的美好寓意。在视觉上，山石也有美化居室、提升雅韵的装饰效果。诸多作用使然，山石成为中式风格室内软装饰设计不可或缺的饰物。作为室内软装饰的山石未必一定是大块的石头或堆山、叠石。根据空间的大小以及使用者的志趣，石头的形状也可以是片石、拳石、顽石等小型的赏石。中国传统造园中一直有"以勺代水、以拳代石"的以小见大的传统，方寸之间气象万千成为室内赏石的运用原则。在类型上，室内的赏石以太湖石、灵璧石、房山石、寿山石、泰山石、水晶石、戈壁石以及玉石原石等奇石为主（图4-50）。

不同的山石有着自然所赋予的独特形状、纹理、质感，在一些室内小型景观或者是室内庭院中常会采用中国传统园林的叠石手法来造景。如贝聿铭设计的苏州博物馆庭院景观，就是借鉴了传统园林的造景方法，其庭院内的山石选用别具一格。这种以墙为纸、以石为墨的手法使景观画意盎然（图4-51）。

从中国传统园林的选石手法来看，园林叠石造景常用太湖石，以"漏、透、瘦、皱，清、丑、顽、拙"八个方面作为审美标准选用（图4-52）。由于现在符合这个审美标准的原石稀少、价格昂贵，加之赏石产地为了保护环境禁止开采，所以有些室内软装饰选择用陶瓷、玻璃纤维等材质仿制的替代品代替原石。无论是原石还是仿制石，从装饰设计的角度出发，一方面要选取尺度适宜、态势优美的石头，另一方面山石的放置要考虑主次、顾盼、呼应等美学关系（图4-53）。

> 图4-51 苏州博物馆石景

> 图4-52  太湖石

> 图4-53  室内石景的选择与布局

② 山石的放置。山石的放置在室内造景中与庭院假山造景不同，更多的是讲究以小博大的手法，来传达意境。置石分为特置、散置或器设三种类型。

特置：选取的石头造型奇特、姿势优美，选单独一块石头或者是零星两三块石头进行放置，使人们的视觉关注在石头本身上。

散置：三五成群放置，讲究的是石头整体的位置关系处理。散点布置虽不均匀整齐，但也不能凌乱，要注意疏密关系以及石头形态之间的彼此呼应。

器设：这种放置方式除了有山石造型的景观欣赏功能之外，还有一定的实用功能，诸如一些石桌、石凳、石灯等可作为家居器物使用。

## 4.2.3  空间隔断

隔断是室内设计中常用的装饰性构建，依据其形态可分为硬隔断与软隔断。硬隔断是指墙体等无法移动的分隔界面。软隔断是指空间中实际起到了分隔空间作用，但又不将两个空间完全隔离开来、可移动、具有灵活性的物体。我们上文提到的家具、织物、装饰品、灯具、植物都可以作为隔断存在。如中国古代室内空间中最为常见的"罩"，像落地罩、栏杆罩、天弯罩等，就有分隔空间、暗示空间功能转变的功能。软隔断的应用让空间更加灵活多变，是塑造室内布局形式的重要载体（图4-54）。

> 图4-54 室内分隔形式

# 4.3 灯光环境

## 4.3.1 灯具照明方式

室内灯具的照明方式依据其使用性质大致可以分为三种类型，即均匀照明、局部照明和重点照明。不同的空间可以根据面积大小、使用功能以及风格特点来选用不同的照明方式。

均匀照明是将整个空间照亮，光线亮度在整个室内较为均匀。均匀照明的特点是可以使整个空间较亮，室内的转角阴影较少，空间亮度较为柔和。这种照明方式一般适用公共空间如办公室、教室等。住宅中的客厅、卧室、书房也可以采用均匀照明，但要注意与辅助光源结合。

局部照明是为了某种活动而照亮某个特定区域的方式，是根据特定区域的活动需要将光源投射到工作面的方式。例如书房，大多利用台灯在使用者的左侧方进行照明。不过局部照明可能会出现环境光较暗的问题，所以经常是与均匀照明相结合使用。

重点照明也是局部照明的一种类型，不过是更有目的性的局部照明，可以产生不同空间的明暗变化。不仅是为了工作使用，更多的是为了划分空间，突出整体空间艺术气氛。例如在餐饮空间内对桌面的重点照明，或者在美术馆、博物馆内对藏品的重点照明。

## 4.3.2 灯具照明类型

灯具照明大致可以分为五种照明类型。不同的室内场景需依据其使用要求来选择。

① 直接照明。顾名思义，直接照明就是灯具发出的光通量中90% ~ 100%都直接投射到假

定工作面上的照明。这种照明的方式使用最为普遍，常用于室内的一般性照明。从照明方式来说，重点照明、局部照明、均匀照明均可以采用直接照明，满足不同的照明需求。从功能上来说，直接照明也有利于人们在工作环境中提高效率。除了工作使用，也可以用来提升空间的艺术氛围，是功能性与美观性的结合。一般的台灯、射灯、发光顶棚基本上采用的都是直接照明方式（图4-55）。

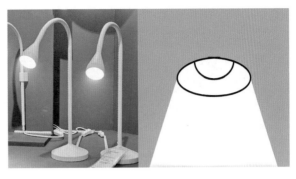

> 图4-55 直接照明

②半直接照明。半直接照明是在直接照明的基础上，将60%～90%的光通量直接投射到被照物体上，而另外的10%～40%则通过半透明的灯罩投射到其他物体上，其他物体再经过反光照亮空间环境。一般半直接照明的灯具采用的均是半透明的灯罩，这种灯光照明的类型光线较为柔和，灯具本身具有一定的观赏性（图4-56）。

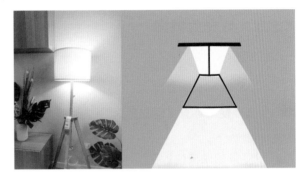

> 图4-56 半直接照明

③间接照明。间接照明与直接照明不同，它是利用反射照亮空间的采光类型。间接照明灯具90%～100%的直接光线会照射在天花板或者墙面上，通过天花板或墙面的反射向周围投射，因此，间接照明灯具不会产生炫光，光线柔和均匀。不过在设计中也要注意光源与受光面之间的距离，保证光的亮度，同时也要考虑光线遮挡的问题以及受光面的反射因素（图4-57）。

> 图4-57 间接照明

④半间接照明。半间接照明与半直接照明有些类似，不过半间接照明侧重的是上方的反射光照，其中上方汇聚60%～90%的光照，下方则只有10%～40%的配光，配光量与半直接照明刚好相反。由于半间接照明的灯具将半透明材质的灯罩安在了光源的下半部分，使整体的灯光效果更加柔和（图4-58）。

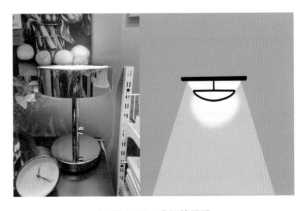

> 图4-58 半间接照明

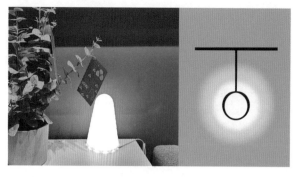

> 图4-59  漫射照明

⑤ 漫射照明。漫射照明是指借助半透明的灯罩进行遮挡，仅将光源40%～60%的光通量直接投射到物体上的照明方式。这种照明方式光线柔和，分布均匀，没有眩光。居室内的床头灯光、壁灯和吸顶灯大多采用这种照明方式。如图4-59是一盏猫头鹰形状的灯具，通体发光，形状的设计非常富有童趣，放置在桌面上给人一种十分温馨的感觉。

### 4.3.3  灯光的氛围

（1）影响灯光氛围的因素

影响灯光氛围的因素有许多种，如灯光的虚实、冷暖，不同的灯光氛围会产生不同的意境。恰当地使用灯光来营造室内氛围，可以使空间更具趣味性、艺术性，也能起到丰富空间层次的效果。

① 灯具的装饰性。在室内软装饰设计中，灯具的形态要符合整体的室内装饰风格与设计氛围，不同的设计风格需要选择不同的灯具。例如编织灯具给人更加古朴自然的感受（图4-60），金属灯具却显示出工业风格（图4-61）。

> 图4-60  织物落地灯                    > 图4-61  工业风吊灯

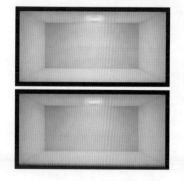

> 图4-62  冷暖光源空间

② 灯光的冷暖性。冷暖光色会改变室内的整体颜色和氛围。就视觉设计心理而言，人们对室内的第一感知便是色彩，所以冷暖光对室内空间氛围的影响是非常明显的。冷光照环境会带给人一种明快、活跃的感觉，所以工厂或办公空间一般会选择冷光作为环境光源。而住宅或商场的室内需要营造一种更为温馨、轻松的感觉，大多会选择暖色调的光源（图4-62）。

③ 灯光的强弱。灯光强弱的影响因素主要有两点，一是照度，是指单位面积上所接收的可见光的量，二是照明的种类，如直接照明与间接照明，即便照度相同，其灯光强弱也不同。

灯光的强弱主要对人的情绪有所影响，其所营造的室内气氛也有所不同。例如较强的灯光会给人以明亮的感觉，因此，办公室、工厂会采用亮度较高的灯光，使人的工作效率更高。而较弱的灯光则通常会给人一种更为安静祥和的感受，适用于酒吧、咖啡馆以及卧室。

④ 灯光的类型与位置设计。灯光的类型或者位置，对于室内氛围的营造非常重要。同样瓦数的吊灯其悬挂位置的高低不同，照射的范围也会有所区别。位置较高的吊灯会给人一种更为明亮开敞的感觉，而位置较低的灯光会使人们产生一种空间范围缩小，环境更为静谧的感觉，有利于形成融洽的交流氛围（图4-63）。所以在咖啡厅、餐厅常使用重点照明，照亮局部空间，灯光的艺术感更强烈。

> 图4-63　吊灯位置

**（2）灯光氛围的类型**

在室内软装饰设计中，灯具及灯光的作用不仅是照亮空间，其更重要的是营造一种具有艺术感的氛围，而不同性质的空间所需要的氛围是有所区别的。下面具体介绍三种常用的灯光氛围类型。

① 安静温馨的居家氛围。一般居家环境，特别是卧室，作为使用者休憩的空间，要求环境安静、温馨。所以，在卧室中一般会使用暖黄色的灯光，并采用局部照明的方式作为室内的照明类型。灯光一般会设计得较为昏暗，给人一种更为放松静谧的感觉，有助于人们休息睡眠（图4-64）。

② 多样的餐饮灯光氛围。餐饮空间依据对餐饮类型的不同定位产生了丰富多样的灯光氛围。餐饮空间大多都以局部照明、重点照明为主，配合均匀照明的方式进行照明。有些餐饮空间环境光较为昏暗，室内明暗对比明显，整体气氛浓烈（图4-65）。也有些餐饮空间则以均匀照明为主，整体室内环境明亮活泼，部分由局部照明或重点照明辅助，会给人愉悦、活泼、舒适的感受。

> 图4-64　卧室灯光　　　　　　　　　　　> 图4-65　餐饮空间灯光

> 图4-66　综合性商业空间灯光

③ 热闹的商业氛围。为便于消费者选购、鉴别商品，一般商业空间的灯光比较明亮，氛围更为活泼开放。综合性商业空间比较注重的是营业大厅的整体灯光效果，一般采用均匀照明的方式。不过商场内部都有若干店面，每一个店面有自己的设计方式，空间氛围多有不同，大多是较为活泼明亮的氛围。另外，商场共享空间较多，公共空间中人们的视线较为开放，为了使整体空间显得较为完整，一般会在天花板上使用嵌顶灯，提供充足光线的同时也使界面较为平滑（图4-66）。

# 4.4　软装饰设计纹样

纹样常见于室内软装饰的细部设计中，是居室设计的艺术性体现。整体是能力，细部是艺术，细节设计往往决定了室内环境的魅力和风格特点。为了提升室内环境的艺术性，除注重家具、灯具、织物、景观以及工艺品的陈设之外，纹样的应用也是不可或缺的。在室内软装饰设计中，纹样一般不单独出现，通常是与门窗、吊顶、铺装、壁纸、隔断、绘画以及灯具等装饰构件相结合的（图4-67），在室内软装饰中的占比虽然很小，但却起到画龙点睛的作用。室内软装设计中常用的纹样有以下几种。

> 图4-67　室内纹样

## 4.4.1　几何纹样

几何纹样是一种形式简单、朴实无华，但又具有较强装饰性的纹样类型。几何纹样是由最基本的图形如直线、折线、曲线、三角形、圆形、多边形等，经过变形与组合后形成母题，再通过对称、连续等方式变换而成的（图4-68）。从目前的研究成果来看，几何纹样最初的来源可分为两类。第一类为自然界的事物，其中以动物、植物、风雨雷电等自然现象及山川等地理环境为主，在一系列的简化与变化下，具体的形象被抽象为几何形式的纹样。正如石兴邦在《有关马家窑文化的一些问题》中提到的："主要的几何形图案花纹，可能是由动物图案演化而来的。有代表性的几何纹饰可分为两类：螺旋形纹饰是由鸟纹变化而来的，波浪形的曲线纹和垂幛纹是由蛙纹演变而来的。"第二类为人们对编织物痕迹的模仿。织物自身的肌理或缝纫的线痕在陶器的表面留下痕迹，劳动者通过这个偶然的发现，发展出了诸如绳纹、折线纹之类的源于编织品的纹样类型。

随着时代的发展以及文化和审美的多元化，纹样也不断演化出其他形式，如万字纹、棋格纹、十字纹、锯齿纹、锁子纹、盘绦纹、龟背纹、祥云纹等。这些纹样多用于织物、建筑彩画与室内构件之中，有时也作为装饰品的衬地或边缘纹样，因其所蕴含的吉祥、美好的寓意而受到了人们的欢迎（图4-69）。

> 图4-68  室内几何纹样　　　　　　> 图4-69  室内地面纹样

## 4.4.2  动物纹样

动物是人赖以生存的重要资源，早在石器时代，居住空间和器物上就出现了动物绘画（图4-70）和动物纹样，诸如鱼纹、鸟纹、蛙纹、鹿纹、蝉纹和兽面纹等。动物纹样因其所处地理环境不同而产生了多样化的形态，有些简练概括，有些夸张，有些写实生动。写实的纹样成为动物纹样，而那些简化的动物纹样在发展中逐渐被抽象为几何纹样。中国商周时期的青铜礼器上，除了有很多与人们生活关系密切的象、虎、牛、羊、兔、蝉等动物之外，也出现了凤鸟、蟠螭、夔龙、饕餮等神禽异兽。

随着图腾崇拜思想的减弱，宋、元、明、清及其后，无论是建筑装饰、室内构件，还是居室饰品中的纹样都开始世俗化，人们不再关注与自己生活较远的神祇，而是回归生活。所以这时期的主要动物纹样除保留龙、凤之外，就是鱼、鸟（图4-71）。鱼和鸟的种类丰富，鱼

> 图4-70　原始时代的洞窟壁画

中常见的有鲤鱼、金鱼、鲫鱼，鸟类则更多样，有喜鹊、鹦鹉、画眉、仙鹤、鸳鸯、白头等（图4-72）。这些动物纹样都有着美好的寓意，如鸳鸯象征着夫妻感情和睦，喜鹊、鲤鱼表达好运。动物纹样与祥云纹、海水纹、植物纹组合使用形成了鱼戏荷花、鸳鸯戏水、祥云飞鹤、行龙、盘龙、云龙、二龙戏珠、龙凤呈祥、云凤、凤戏牡丹等具有吉祥涵义且更具装饰性的表现形式。这些图案、纹样在当代的室内软装饰中也经常会以装饰画的形式出现。

> 图4-71　室内的凤鸟装饰　　　　　> 图4-72　室内的仙鹤装饰

### 4.4.3　植物纹样

　　与动物一样，植物也是与人们生活联系较为密切的，人们的衣食住行都离不开植物的参与。受此启发产生的植物纹样，其来源都是在日常生活和劳作中随处可见的，如粮食类的谷、稻穗，自然环境中的树木、花卉。早期的植物纹样主要有花瓣纹、叶纹、草纹、稻穗纹，造型通常简洁且夸张。概括性的表现手法让部分植物纹样既像花瓣又像树叶，与谷物的形象也十分相近。

　　树木中的桑树、柳树，花卉中的荷花、梅花以及稻穗、植物枝叶是植物纹样中常见的类型。这些植物纹样可作为器物上的主要纹样，也可以在边缘起到装饰、陪衬的作用。相比之下，荷花纹的应用最为广泛，在绘画、雕刻以及室内软装饰构件中均有应用，且造型多样，有些荷花纹中还绘制了不同形态的荷花、莲蓬。值得一提的是，缠枝纹也是后世应用十分广泛的植物纹样。目前所见最早的缠枝纹是在汉代画像砖上出现的。花枝由花瓶中伸展而出，以对称的波浪形式向左右两边延伸，在主枝上又分出次级枝叶与花卉，造型优美，描绘精细。

　　宋、元、明、清时期乃至今日都尤为注重纹样的寓意，植物纹样也不例外。最为常用且受到人们喜爱的是牡丹纹、莲花纹、梅花纹、菊花纹。牡丹纹有着富贵吉祥的寓意，花型大、花色艳丽，花瓣层次丰富，具有极强的装饰性，无论是缠枝还是折枝、是单朵还是多枝都极为华美（图4-73）。莲花纹的宗教含义逐渐淡化后成为廉洁的象征。正视视角下的莲花纹形象有了更多的变化，从装饰性纹样逐渐过渡到写实性纹样，至明清时期在器物和居室中就多以国画、雕刻的形式出现了（图4-74）。梅花纹喻意品行高洁，五瓣花瓣象征五福，即福禄寿喜财。单独出现的梅花纹在不同时期以折枝或写实的形式出现，也有与松、竹组合的形式。菊花纹有多重象征，多寓意长寿。在周敦颐《爱莲说》中："予谓菊，花之隐逸者也。"菊花又被视为君子。明清时期菊花纹逐渐盛行，有装饰型与写实型两大类。装饰性较强的果实也常被用来当做装饰纹样，如葡萄、石榴、佛手。缠枝花纹的样式更加丰富了，且在题材上不局限于与花卉结合，人物、动物都能够与缠枝纹共同组成新的纹样。建筑中的旋子彩画，旋子是由旋花、卷叶相互结合演化而来，苏式彩画中也常以花卉作为主纹样题材。除了上文提到的纹样外，灵芝纹、松竹纹、石榴纹等在居室软装饰中也常有应用。

> 图4-73　室内装饰中的植物纹样

> 图4-74　室内装饰中的莲花纹样

## 拓展阅读

　　屠隆，《考槃馀事》

　　杜朴，《中国艺术与文化》

## 思考与练习

　　如何运用寻常的元素构建不寻常的室内软装饰空间？

# 5

## 室内软装饰设计的材质与色彩

学习目标

1. 了解室内软装饰设计中的视觉要素。

2. 充分认识软装饰材质的类型、特性, 色彩的搭配、情感等。

3. 具备从触觉、视觉等感官要素方面进行室内软装饰设计的能力。

# 5.1 室内软装饰的材质

## 5.1.1 材质的质感

如果说色彩是人感知空间最直观的视觉体验元素，那么材质就是时刻与人在空间中的活动相联系的触觉体验对象。材质按其来源可分为自然材质与人工材质。自然材质包括木材、石材、皮毛等直接取自自然，不经过或只经过简单加工的材质。人工材质则包括取自自然但经过较多加工的材质与人工合成的材质两种类型，前者包括棉麻织物、绸缎、陶瓷、金属等，后者则包括塑料、合成纤维等。在描述一种材料的质感时，我们通常会评价其外表特征粗糙或光滑、纹理有序或无序、坚硬或柔软，实际上材料的热导性也是质感的一部分。极易产生温度变化的材料会因其较为极端的温度使人产生不舒适的触感。在人们谈到材质的时候，对"质"的要求体现在材料的实用性上，对居室材质和家具材质要求坚固耐用，对织物材料要求舒适保暖（图5-1）。在满足使用功能的基础上才对"质"有了美学上的需求。

触觉不是一成不变的感知方式，不同的感知材料的方式反馈给人的信息也是不同的。皮肤轻轻划过材料表面、用手掌拿起整个物体、按压材料的表面，这三种方式分别反馈给我们材料的表面特征、材料的重量、材料的可塑性和延展性这三类信息。这些新的信息与我们以往的认知相对比，或一致、或不同，形成或熟悉、或新鲜的体验。材质的质感随着时间的流逝不断变化，往往一件"旧"的事物，其材质的质感在不同程度上与"新"的时候不同。在长年累月的使用中，雕刻出的纹路会被逐渐磨平，光滑的墙面会有建筑材料的脱落，原本属性的流失赋予了材质时间的属性。

在室内环境中，丰富的软装饰意味着多样的材质。家具的材质也许是石材，也许是木材，仅就木材而言，又有着众多种类。织物的材质像麻、棉、丝绸、皮、毛等都在触觉上给人以不同的体验。装饰品的材质更是应有尽有，玉石、金属、木材、陶瓷、玻璃、织物、纸张……如此繁多的材质汇集在同一个室内空间中，如何相互协调配合就显得相当重要（图5-2）。不同的材质给人的感受不同，人对材质的理解在一定程度上超越了物理层面的认知，

> 图5-1 居室织物的质感

> 图5-2 居室中丰富的软装饰材质

而与材质的历史、文化、情感产生联系，在心理层面对材质有主观的定义。如坚硬的红木家具、柔软顺滑的丝绸、光滑细腻的瓷器等都能赋予空间豪华典雅的感觉。与之相对的质感较为粗糙的竹制家具、麻布、陶器则更富有野趣。材质的选择隐含了符合人们心理预期的文化特征，对室内空间风格的塑造具有一定的意义。

材料的质感依其自身能够呈现出的表现度而显示出优劣之分。S.E.拉斯姆森曾在《建筑体验》中提到："……质感效果不佳的材料用较深的纹理予以改善；而优质材料以光滑的表面出现，事实上没有纹理或装饰是再好不过了。"质感效果不佳的材质表现度较低，缺乏层次，需要额外的加工使其层次丰富以增强表现度。光滑的优质材料由于可以在光线的作用下产生视觉上的变化，因而具有较为丰富的层次和较高的表现度。正如对于质地粗糙的陶器或以颜料绘制纹理，或以麻绳制作纹路，人们总会以人为的方式赋予其表面一些变化来掩盖材质本身的劣势（图5-3）。而光滑的瓷器则不同，单色、无人工纹理则更显材质自身的优越品质。如果将本身就具有极佳质感效果的材质再过多地加以人工纹理装饰，并不能达到锦上添花的效果，反而会使其因画蛇添足而失去本身的特质。

> 图5-3　质地粗糙的陶器

材质这一软装饰构成元素虽然不如视觉性的色彩与纹样直观，但却在另一个层面上对室内环境的塑造有所助益。室内软装饰的设计不止与色彩或造型相关，材质的质感给予人的触觉体验也是设计的重要内容。

## 5.1.2　建筑的材质

建筑与室内空间密不可分，室内是建筑的延伸，没有建筑也就不存在室内空间。建筑因内部空间的存在而具有内表面和外表面，研究室内空间的软装饰必然不能脱离建筑而谈。从中外建筑史的演化来看，早期人们的运输效率低下且成本高昂，使得建筑的材质呈现出较强的地域性。如欧洲的建筑以石材为主，西亚的建筑以黏土为主，而中国则发展了以木材为主的建筑形式。

旧石器时代因没有人为建造的建筑，人们时常居无定所。《周易·系辞》："上古穴居而野处。"《礼记》："冬则居营窟，夏则居橧巢。"表明原始时代的人居住的场所是天然形成的洞穴。新石器时代又被称为农耕时代，农业文明中村落出现了。此时的居住建筑有穴居和半穴居，墙体为木骨泥墙，屋顶材质为茅草或涂草泥，这是较为干燥的地理环境下的居住建筑材质。潮湿的地面则不能采用上述做法，需将房屋抬高，这样便出现了干阑式建筑。无论是穴居还是干阑式建筑，材质都以木材与茅草为主。

中古时期建筑方面变化较大的是建筑群落的演变，村落不断扩大发展为城市、国家。建筑的主体材质上没有较大变化，为夯土建筑，即以木材作为建筑的框架，用泥土进行填充后夯实，覆以茅草屋顶。这个时期古人制造出了陶制的建筑构件，如屋瓦、水管等，此外还有青铜铸造的铺首，有耐久性更强的特点，但是建筑主体依然不易留存。随着砖这种新材料的出现，建筑的结构发生了很大变化，砖木结合的结构成为当时的主流建筑结构形式，并一直沿用到近代。

### 5.1.3　家具的材质

家具的材质大致可分为五类，分别为金属家具、石质家具、木质家具、漆质家具和瓷质家具。青铜是我国商周时期家具和礼器的主要材质，是当时礼制的象征，用于礼仪祭祀等活动。石质家具由于体量大、质量大而难以移动，多以较为原始的形态出现，或于古典园林与庭院中放置石质的桌案、椅凳来营造自然野趣的风格。其中有些被制作成圆桌、方桌、圆凳、方凳等主流家具的样式，另一部分则更具有艺术性，也许是精挑细选过的、未经加工的天然石材被直接拿来当作家具的。

木质是中国古典家具的主流材料，包含木材与竹子。白居易《庐山草堂记》中写道："堂中设木榻四，素屏二，漆琴一张，儒、道、佛书各三两卷。"明代陈继儒在《小窗幽记》中谈他对室内陈设的见解时提到："……意思小倦，暂休竹榻。"木材作为室内陈设品常用的材质，种类包括黄花梨木、紫檀木、鸡翅木、楠木等纹理或色彩具有装饰性的硬木。此外为了提高其装饰性，通常除了在木材上雕刻纹样外，还会运用镶嵌工艺，在木材上嵌入玉石、珐琅、牙雕、陶瓷、铜饰，等等（图5-4）。屏风等有一定装饰性需求的家具上可能会出现多种材质的镶嵌装饰。

除木质家具之外，还有漆质家具、瓷质家具。漆器常常以小件家具如盒子、箱子的形式出现，但也有运用于家具的情况，例如填漆书案、紫檀边菠萝漆心书桌、紫檀边漆心炕格、南漆嵌大理石宝座、黑漆金龙马扎宝座等都是漆质家具。瓷质家具应用的范围不广，多见于凳类家具，具有色彩丰富、装饰性强的特点（图5-5）。

> 图5-4　紫檀铜包角炕几

> 图5-5　三彩双龙瓷坐墩

### 5.1.4　织物的材质

　　织物是室内软装饰当中与人的皮肤长时间、大面积接触的元素，舒适度与保暖性是人们在选择织物时首要的考量因素，织物的材质是其舒适度与保暖性的决定性因素。在我国，织物的主要材质有四种，即棉、麻、毛、丝。这四种材质在实用性和装饰性上各有偏重，麻和棉都是较为柔软的材质，毛具有较强的保暖作用，而丝织品则是这四者中装饰性最强、最为华贵的。棉、麻、毛、丝这些材质是当前室内软装饰设计中窗帘、沙发、床品、桌旗、地毯以及挂毯等最常用的材料。

　　织物的原材料最早直接取自自然植物。人们偶然发现一些树木的树皮在沤制之后形成了长长的纤维，这些纤维可以制成绳子，进而可以织成用来遮盖身体的片状物。人们最初利用的植物是葛和麻。在刚开始使用葛的时候是直接利用葛藤的皮，但其脆弱易断并不耐用。之后发现葛藤中的葛藤纤维比皮更为柔韧，织成的织物更为耐用，于是人们在不断的劳作中逐渐熟悉、掌握了用葛藤制作织物的技术。麻是比葛藤应用更广的织物原材料，麻纤维的主要来源是苎麻、苘麻和大麻。苎麻的纤维为白色，纤维长，制成的织物有较好的抗湿散热的性能，又柔韧耐用。在《诗经》《周礼》《禹贡》等古代典籍中都能发现关于葛和麻的记载。《诗经》中"丘中有麻""东门之池，可以沤麻""东门之池，可以沤苎"等语句表明当时人们已经掌握麻纤维的提取方法。除了葛和麻之外，楮、菅、蒯等植物的纤维也常作为织物的原料。

　　我国是世界上最早养蚕、制丝的国家。如《纲鉴易知录·黄帝有熊氏》记载："西陵氏之女嫘祖为黄帝元妃，始教民育蚕，治丝茧以供衣服，而天下无皴瘃之患,后世祀为先蚕。"相传黄帝的妻子嫘祖教会了人们养蚕缫丝制丝织品，做成的衣服具有很好的保暖效果，从此丝绸成为了中国古代历史上极为重要的织物品类。蚕丝纤细柔韧，具有一定的光泽度，织成的丝织品也有很出色的装饰性。丝织品根据其组织结构、制作工艺、用途分为纱、纨、缣、绡、縠、罗、绮、锦、绫、绒等。

　　纱，在古代亦写作"沙"。《周礼·天官冢宰》曰："内司服：掌王后之六服，袆衣……素沙。"纱这种丝织品当时已经成为制作宫廷礼服的原料。纱具有丝线纤细、在丝织品中经纬密度最小的特点，十分轻薄。纯白色或单色、有光泽的丝织物被称为纨，质地细腻，高级的纨被称为冰纨。纨的丝线密度很高，达到每厘米有100根以上的密度，因此是致密性很高的丝织品。缣的致密性同样很高，因为缣的制作技艺是并丝而织的，有的缣织物是经纬线都为并丝，有的缣织物经线为并丝，纬线为单丝。缣较厚，其致密性能够阻挡水的渗透。绡十分轻薄而疏。縠质地类似于纱，区别在于，縠的表面呈粟状均匀分布皱纹，工艺比纱要复杂，制作上的难度要更高。罗织物又称绞经织物，结构严密不易变形，属于丝织品中的上品。宋代的罗极负盛名，生产规模大、质量高。绮是有花纹的丝织物，花纹多为回形纹、菱形纹之类的几何纹（图5-6）。

> 图5-6　古代丝织物

## 5.1.5　工艺品的材质

工艺品作为室内软装饰的重要组成部分,在居室、书柜或案头摆放一件工艺品,对于塑造室内空间的美学氛围,提升使用者的雅趣,以及增强室内空间的品质都有非常重要的作用。决定一件工艺品质量高下的因素不仅在于其形态和做工,更取决于制作材质,材质往往决定其价值。

工艺品的种类包罗万象,几乎人们身边的每一种材质都可以被制作成工艺品。有些工艺品同时具有装饰性与实用性双重属性,如饮食器具、书房用品;而另一些工艺品则纯粹是供人们把玩、观赏的(图5-7)。我们可以将工艺品分为宫廷文化下的极致精美的工艺品与民间文化下的饱含趣味与生活气息的工艺品。

> 图5-7　工艺品

总的来看,工艺品的材质包含但不限于陶瓷、金属、漆艺、玉石、珠宝、砖石、骨、牙、木材、绢纸。宫廷使用的工艺品与民间使用的工艺品区别在于制作材质的品质、稀有程度及制作工艺的复杂度、精细度。

陶瓷作为具有实用性和装饰性的工艺品,最开始由于技术与原材料的限制而仅有陶器。陶器是用陶土塑造好造型后烧制而成的,表面质感较为粗糙,光泽度较差,颜色也较为单一。因其材质本身的装饰性并不高,在最初是作为生活用品存在的,之后逐渐用矿物颜料或植物颜料为陶器绘制纹样而具有了一些装饰性,但这时陶器装饰性的提高与其材质本身的关系很小。釉面的出现使陶器的光泽度有了很大的提升,加之色彩丰富度的提高,使得陶器也具有了一定的装饰性。瓷器表面质感细腻光滑且坚硬,有着优秀的光泽度,其材质本身就具有较强的装饰性。瓷器的原材料与陶器并不相同,是以瓷土作为胚体主要成分的。陶土中氧化铝的含量少,即使达到烧制瓷器的温度也无法瓷化而形成瓷器,但用瓷土在特定的温度下烧制则可以得到陶器,如白陶。瓷器是由陶器发展演变而来的。

金属材质的工艺品是从青铜器发展而来的。青铜出现于商周时期,应用十分广泛,从鼎、豆、鉴、盂、爵、尊等日常饮食器具到生产工具、兵器、礼器、乐器都有涉及。青铜属于合金,具有强度高、耐磨、可塑性强的特点,表面为青绿色,有一定的光泽度。在《周礼·考工记》中记载了周时期就有分工明确的青铜器铸造系统,包括筑氏、冶氏、桃氏、凫氏、栗氏和段氏等。除了青铜外,还有红铜。秦汉时期铜器已经有很多是作为装饰品存在的,如东汉时期的铜奔马,但更多是如铜钟、铜壶、铜镜、铜宫灯等,在造型精美的同时也具备实用价值。金银器属于贵重金属,硬度适中,可塑性强,化学性质稳定不易氧化,天然具有亮丽的色彩和光泽度。金银作为装饰品的材质,可以用镶嵌的技术与其他材质共同组成装饰品,也可以单独存在。

中国的玉石文化自新石器时代就已存在。玉石包含的种类繁多，如软玉、萤石、美石。每一大类下又有由于颜色、光泽度不相同而形成的多种子类，如白玉、碧玉、墨玉、水晶、玛瑙、松石，等等。玉石主要用于制作日常用品、室内陈设品、佩戴品，也可以作为镶嵌材料用于其他物品的装饰中。石材在作为工艺品时用途可分为两类，一是用形态或巍峨或秀美的天然石材作为装饰品放置于室内空间中，二是作为建筑材料，并在上面绘制或雕刻装饰纹样。

上述这些仅仅是较为常见的材质，除了这些之外，还有很多材质也可以制作成工艺品来装饰室内空间（图5-8）。明代魏学洢的《核舟记》就详细描述了用核桃制作而成的微雕工艺品，精巧逼真、惟妙惟肖。

白玉莲瓣洗　　掐丝珐琅镇纸　　牙雕葫芦形笔掭　　黄杨木雕笔掭

> 图5-8　工艺品的材质

# 5.2　室内软装饰的色彩

室内空间的视觉美是由形美、色美、材质美三种要素共同构成的。由于视觉规律所致，在形、色、质三者的感知方面，人们对色彩的感觉是最为敏感的。据现代心理学研究，在"形"与"色"中，人们对色彩的敏感度为80%，对形的敏感度只有20%。所以，色彩是影响感官的第一要素。相同的室内空间，由于色彩的不同会使人产生或华丽、或朴素、或典雅、或秀丽、或鲜明、或热烈的不同情感体验，从而带给人喜庆、欢乐、舒适的感受。反之，色彩的不和谐会带给人一种或忧郁、或沉闷、或冷漠、或孤独的感觉，让人顿生厌恶甚至想逃离。

## 5.2.1　色彩基本理论

（1）色彩的三种属性

① 色相：简单地说就是色彩的相貌。阳光通过棱镜会形成七种可见色光，即红、橙、黄、绿、青、蓝、紫，这就是色彩的基本相貌。实际上，色相是指一种色彩在色相环上所处的位置（图5-9）。

② 明度：指色彩的明亮程度，用来描述一种色彩的深浅程度。

③ 纯度：又称饱和度或彩度，是指色彩的鲜艳程度或纯净程度。在无彩色系中，最高的是白色，最暗的是黑色。在有彩色系中，黄色明度最强，而紫色最弱。同一色相也存在不同的明度变化，如海军蓝、品蓝、淡蓝等（图5-10）。

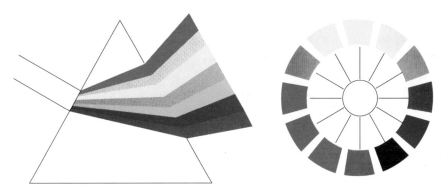

> 图5-9　色彩的色相

蓝莓蓝　　海军蓝　　宝石蓝　　海螺蓝　　品蓝　　淡蓝

> 图5-10　色彩的明度

（2）色彩的三种元素

① 固有色：就是物体的原色。严格来讲，所谓物体的原色，取决于物体表面色与照射于物体的光线。实际上，物体的色彩都是在光线的照射、影响下产生的。

② 环境色：是物体所处环境的色彩。如家具摆放在一个红色空间中，红色就是家具的环境色（图5-11）。

> 图5-11　环境色

> 图5-12　光源色

③ 光源色：这里所说的光源色，是指发光物体，如太阳、电灯、火等光线的色彩。宇宙万物因各种强弱和方向不同的光线而产生不同的色彩，而照射过来的光线会因为其色彩的差异而影响到受光物体的色彩变化。以灯光为例，在红色灯光下，周围的环境会呈现出红色的色调；在蓝色灯光下，周围的环境会呈现蓝色的色调；在黄色的灯光下，周围环境会呈现出黄色的色调。随着光源色的变化，接受光线的空间环境色调也会给人以不同的感受。一般而言，客厅或大型公共空间应以白色或冷色调光源为主。餐饮空间、卧室则适宜选用黄色或暖色调光源（图5-12）。

### （3）色彩的感觉

色彩的感觉虽属于心理学范畴，然而它的适用性在室内软装饰设计上依然很重要，若不能预测人如何感知色彩以及不同色彩对人产生的作用如何，就无法有效地利用色彩来引导或改善人的心理感受。由于色彩与人的情绪有着微妙的联系，所以，利用不同的色调进行软装饰设计会带给使用者不同的心理感受。凭感觉和经验，人们一般认为：

红色是一种亢奋的色彩，代表热情、奔放、喜悦、庆典，有刺激效果，能使人产生冲动，充满愤怒、热情和活力；

绿色介于冷暖两色之间，代表植物、生命、生机，给人以和睦、宁静、健康、安全的感觉，它和金黄、淡白搭配，可以营造优雅、舒适的氛围；

黄色是一种华丽的色彩，代表高贵、富有，具有快乐、希望、智慧和轻快的特质，它的明度最高；

蓝色是一种虚怀若谷的色彩，代表天空、大海，是最能带给人凉爽、清新、深沉感觉的色彩，它和白色混合，象征着淡雅、浪漫；

棕色是一种厚重的色彩，代表土地，给人以稳重、高雅的感觉；

白色是一种纯净的色彩，代表纯洁、简单，给人以清白、明快、纯真的感觉；

黑色是一种庄重的色彩，代表严肃、夜晚、沉着，给人以深沉、神秘、寂静、悲哀、压抑的感觉；

橙色也是一种激奋的色彩，具有轻快、欢欣、热烈、温馨、时尚的效果；

灰色是一种包容性强的色彩，代表谦虚、礼让，给人以中庸、平凡、温和、中立和文雅的感觉；

紫色是一种神秘的色彩，代表高贵、奢华、优雅，但也象征着阴险、阴暗、悲哀等（图5-13）。

> 图5-13　不同色调的室内环境

　　另外，有些色彩给人的感觉是双重的。比如黑色，有时给人沉默、空虚的感觉，但有时也表示庄严、肃穆。白色也是同样，有时给人无尽的希望，但有时也给人一种恐惧和悲哀的感觉。每种色彩在纯度、明度上略微变化，就会让人产生不同的心理感受。

## 5.2.2　色彩的心理

### （1）色彩与年龄

　　实验心理学研究表明，人类随着年龄的增长，对色彩的感知也会发生一些微妙的变化。有人做过统计，儿童大都喜欢鲜艳的色彩，红和黄就是一般婴儿偏好的色彩。四至九岁的儿童最爱红色，九岁以上的儿童最爱绿色。如果要求七至十五岁的学生把黑、白、红、蓝、黄、绿六种颜色按喜好的程度依次列出的话，男生大都列为绿、红、蓝、黄、黑、白；女生大都列为绿、红、白、蓝、黄、黑。绿与红为共同喜爱的颜色，这也就是为什么幼儿园以及中小学校园、妇幼保健机构和青少年活动中心的室内均要设计丰富的色彩（图5-14）。

> 图5-14　青少年活动中心的色彩环境

　　婴幼儿时期的颜色偏爱可以说完全是由生理作用引起的。随着年龄的增长，联想的作用会渗入进来，生活在乡村的儿童较爱青绿色，部分原因就是青绿色和植物最接近。女孩比男孩偏爱白色，是由于白色易让人产生关于清洁的联想。到青年和老年时，由于生活经验的丰富，色彩的偏爱来自联想的影响就更多了。

（2）色彩心理与地域

　　各个国家和民族由于文化背景、地理环境以及生活习惯的不同，对色彩的偏好也是不同的。中国人偏爱黄色和红色。黄色在中国封建社会是帝王的专用色，这与中国传统的五行文化有关。五行代表五个方位，这五个方位又各代表一色。黄色位于中间，代表帝王，所以，黄色就成为历代皇家专用色。红色在中国代表热烈、吉祥，是中国最为常用的一种喜庆色彩，无论是王侯将相还是庶民百姓，无论是宫殿庙宇还是庶人宅邸均多用红色（图5-15）。

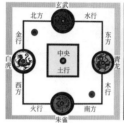

> 图5-15　五行五色与中式空间

　　地理环境对人的色彩偏好也有着重要的影响。诸如位于地中海沿岸的希腊、意大利等国，自然环境优美，蓝天、碧海、绿树、沙滩是环境的主色调，为了与这种环境色协调，在室内软装饰中，人们更喜欢运用白色、蓝色等冷艳的色调（图5-16）。另外，气候对一个国家和地区人们的色彩审美倾向的影响也是非常重要的。位于寒冷地区的人们每年有很长一段时间生活在缺乏色彩的环境之中，甚至常年与冰雪为伴，为了祛除寒意，便会利用色彩联想来获得情感上的满足。这就使得高寒地区的人们更喜爱诸如红色、土黄、棕色以及褐色之类的暖色调。这一偏好自然也影响了他们对室内软装饰色彩的选择，如地处北方特别是寒冷地区的室内软装饰色彩多以暖色为主（图5-17）。

> 图5-16　地中海风格室内软装饰色彩　　　　> 图5-17　寒冷地区的室内软装色彩

（3）色彩心理与社会心理

不同时代由于社会制度、经济水平以及生活方式的不同，人们的审美意识、审美情结、审美感受也是不同的。色彩心理会随时代的变化而变化，诸如在古典时代认为不和谐的配色，在现代社会可能就会被认为是新颖的、美的配色。一个时期的色彩审美心理受社会心理的影响很大。所谓"流行色"就是社会心理的产物。当一些色彩被赋予时代精神的象征意义，符合人们的认识、理想、兴趣、爱好和欲望时，那么这些色彩就会流行开来。但是，受审美疲劳的影响，人们又普遍存在一种视觉互补心理或者称作视觉逆反心理，即当一种色调在长期流行以后，人们就会产生对该色彩产生淡漠感或厌恶感，进而追求与此相反的色彩来满足心理需求。诸如长期流行红色调后，人们会追求绿、橙色调；长期流行浅色调后，人们会追求深色调；长期流行鲜明色调后，人们会追求沉着色调；长期流行暖色调后，人们会追求冷色调等。

（4）色彩心理的个人差异

对色彩的喜好不仅因年龄、性别、种族、地区而异，同一年龄、性别、种族、地区的人也会因性格、气质、生活境遇的不同而有所差别。"绿肥红瘦""怡红快绿""红衰翠减"这是古代诗人在不同生活境遇中通过色彩对不同情绪或心理感受的传达。到了现代，生活在城市中，尤其是居住于繁华闹市的居民，更偏爱浅色、灰色等简洁、明快的软装色调；而生活在环境空旷，远离繁华之地的人则倾向于选择热烈的色彩。受过高等教育、文化层次较高且工作、生活压力大的人群，更喜欢色彩淡雅的软装环境。而工作、生活压力较小的人群则更喜爱相对欢快、浓重的软装色调（图5-18）。

> 图5-18　淡雅与浓重的室内软装色彩

## 5.2.3　软装色彩的搭配

19世纪德国美学家谢林说："个别的美是不存在的，惟有整体才是美的。"色彩也是如此，单一色彩并不存在美丑的问题，它总是存在于与其他色彩的对比之中。正如人穿的衣服的色彩总要与人的肤色和环境相适应一样。色彩的美是在色与色相互组合、相互搭配的关系中体现出来的。色彩的搭配在一定意义上就像音乐的曲谱，七个音符可以谱成各种悦耳、动听的乐曲。同样，红、橙、黄、绿、青、蓝、紫七种色彩也可以构成千姿百态、丰富多彩的软装色调。然而，并不是所有的声音和色彩的搭配都会给人以美感。没有节奏和韵律的声音可能是"噪声"。同样，不和谐的软装色彩也只能给视觉带来污染。花是有色彩的，是美的，但色彩并不等于花，也不等于美。所以，美必须经过精心地组织与悉心地调和才能达到令人愉悦的效果（图5-19）。

> 图5-19　丰富的室内软装色彩

### （1）色相搭配

> 图5-20　色相搭配的软装色彩

两种色彩放在一起，会产生相互反衬的对比效应，各自走向自己的极端，例如红色与绿色对比，红的更红，绿的更绿；黑色与白色对比，黑的更黑，白的更白。这是因为人的眼睛存在"视觉残像"现象。当要产生鲜明、强烈的对比效果时，可以利用补色的"残像"原理，使色彩双方得以互增互补。比如在绿色底上的红色、橙色就比在黄色底上的让人感觉更强、更鲜艳。当要寻求安定、平静的色调时，可以在每种色彩中混入少量补色，以降低对比的强度。另外，还可以利用近似明度、色相关系，排除"残像"效应，将近似色同化、融合成一组和谐的色彩（图5-20）。

（2）明度搭配

明度分为高明度、中明度、低明度。低明度色和高明度色搭配会给人清晰、强烈的刺激，如深黄和亮黄搭配。低明度色搭配高纯色，会给人以沉着、稳重、深沉的感觉，如深红和大红搭配。中性色与低明度色搭配会给人模糊、朦胧、深奥的感觉，如浅灰和草绿色搭配。高明度色与纯色搭配会给人跳跃舞动的感觉，如黄色与白色。低明度色与纯色搭配会给人轻柔、欢快的感觉，如浅蓝色与白色。纯色与低明度色的对比会带给人一种强硬、决绝、不可改变的感觉。同一个灰色块，置于高明度的室内背景上时会显得较暗，置于低明度的室内背景上时就会感到比原来要亮些（图5-21）。

> 图5-21　明度搭配的软装色彩

（3）纯度搭配

纯度分为高纯度、中纯度、低纯度。纯色之间的对比给人的视觉刺激最强烈，能使色彩效果更明确肯定。例如红、黄、蓝就是最极端的色彩，这三种色彩之间的对比，哪一种色也无法影响对方。而非纯色对比出来的效果就显得很柔和。黄色是夺目的色，但是加入灰色就会失去其夺目的光彩，通常可以混入黑、白、灰色来降低其纯度（图5-22）。

（4）整体色调

室内软装饰色彩给使用者的感受是由整体软装配色效果决定的。软装效果是稳定的、温暖的还是激情四射的，由整体的色调而定，这取决于配色的色相、明度、纯度的关系和色彩面积大小的关系。要取得软装色彩的稳定，首先要确定配色中占据最大面积的色彩比例，它决定着一个空间或陈设的主色调。通常主色调在软装中的比重可以达到60% ~ 70%，以起到统领作用。如果主色调比例低于30%，软装色调就会显得混乱。其次是要有多样化的辅助色和点缀色，如绘画、工艺品的色彩，这二者虽不具有定调作用，但对于活化室内环境，提升软装魅力则具有不可小觑的作用。

> 图5-22　纯度搭配的软装色彩

## 5.2.4　软装色彩的美学法则

室内软装饰色彩的美学法则实质上就是色彩在软装设计中的配比方式及构图法则。色彩的对比与协调是室内软装饰色彩使用的基本原则。表现软装色彩的多样变化主要依靠色彩的对比，而变化多样中的统一则要依靠色彩的调和（图5-23）。色彩的对比与调和在软装饰设计中的应用法则一般如下。

> 图5-23　色彩杂乱的软装色调

（1）色彩的均衡

色彩均衡的原理与力学上的杠杆原理颇为相似。在色彩构图时，各种色块的配比、布局应围绕画面中心，向上下左右或对角线做力量相等的配置。

色彩均衡并不是各色彩的占比，包括面积、明度、纯度、强弱的平均分配，而是依据设计的要求取得视觉或心理上的均衡（图5-24）。

> 图5-24　色彩均衡的软装饰色调

（2）色彩的呼应

任何软装色彩在布局时都不应孤立出现，需要同其他色彩在前后、上下、左右等方面形成呼应关系。呼应的方法有两种。

① 局部呼应。当在黑色底上点红点时，这个挣扎的红点被大面积的黑色包围，有被吞噬的危险，给人以窒息感。若增加红点的数量，这种布局就会迅速被打破，当增加到一定数量时，红点不再孤立，这就是同种色彩在空间距离上呼应的结果。

② 全局呼应。色彩的全局呼应方法是在各种色彩中混入同一种色相的色彩，从而产生一种内在的联系。它是构成主色调的重要方法（图5-25）。

> 图5-25　色彩呼应的软装饰色调

（3）色彩的主从

软装色彩的搭配应根据环境要求分出宾主，主色和宾色是一对主从关系。主色一般用在主体部分，占据面积大，能对整个室内和装饰品的整体色调起到统摄作用。宾色是处于从属地位的色彩，面积较主色小。在色彩的选择方面，主色一般应以对比鲜艳的色彩为主，宾色以调和色为主。但二者是相对而言的，如果主色是调和色，宾色就应以纯色为主，以形成对比，不能随心所欲（图5-26）。

> 图5-26　主从色彩的软装饰色调

（4）点缀色

软装色彩中的点缀色包括两种：一是室内空间中面积较小，仅起装饰作用的色彩，如家具、灯具的色彩；二是居室中的工艺品、日常器具等的色彩。点缀色虽然面积小，但在居室中往往能起到画龙点睛、调节环境氛围的作用，点缀色的应用能达到一种"平中见奇、常中见险、朴中见色"的意外效果。如在一片沉闷或平淡的空间色调中点缀少量的对比色，犹如一石激起千层浪，能使沉闷的环境顿时有了生气（图5-27）。

> 图5-27　软装饰中的点缀色

## 5.2.5　软装色彩的设计原则

室内软装饰色彩是一个由环境色、主体色、辅助色以及点缀色等多种不同色相的色彩组成的整体系统。这些不同色相、面积、比例的色彩元素要在居室环境中取得和谐统一，并产生美感就必须遵循一定的章法和原则。切不可随意乱用，更不可过度追求标新立异或自我陶醉，否则会让室内空间在视觉上变得凌乱。所以，软装饰色彩的搭配需要谨慎，在设计时须遵循以下几个方面的原则。

① 在同一室内空间或饰物上的色彩种类（色相）应加以限制。3种为宜，最多不超过5种。因为过多的色彩同时进入人们的视觉感知系统，不仅会带来色彩辨别的难度，同时也容易造成视觉混乱（图5-28）。

② 在室内环境中，要根据空间（或装饰品）的重要性来选择色彩，对于重点部分应该选取醒目或对比强的色彩，而非重要性物体则可以选用低明度或低纯度的色彩（图5-29）。

> 图5-28　超过5种色彩的室内环境　　　　> 图5-29　室内空间中的主次色彩

③ 软装饰色彩的选择应尽可能符合人的视觉习惯以及心理特征。如年轻人的室内软装饰主体色、辅助色和点缀色除选用淡雅的冷色或中性色之外，也可以根据个人爱好选择一些对比较强的色彩，以体现年轻人的激情和活力（图5-30）。儿童房的室内软装饰主色调应以淡雅为主，例如男孩的房间可以选用冷色调，彰显其理性和力量；女孩的房间应以暖色调为主，彰显其温雅、文静的个性（图5-31）。

> 图5-30　有活力的房间色调　　　　> 图5-31　女孩的房间色调

④ 室内的背景色一般宜选用饱和度低的浅色，如乳白、淡蓝、浅绛、柠檬黄等。这些色彩，人眼不敏感，作为大面积的区域或背景来说比较合适，也容易与色彩艳丽的家具、灯具以及工艺品等形成对比与统一，不至于喧宾夺主（图5-32）。

⑤ 为了使色彩醒目和便于区分，室内软装饰的主体色、辅助色与点缀色在色相、明度、面积上的比例应有一定的区别，切勿同等对待。否则，有可能导致软装饰设计平淡无奇或寡淡无味（图5-33）。

> 图5-32　色彩统一的室内　　　　> 图5-33　色彩分明的室内软装饰

## 拓展阅读

陈鲁南，《织色入史笺》

王世襄，《锦灰堆》

## 思考与练习

"形、色、质"三种元素在室内软装饰设计中如何做到相互协调、相互衬托？

# 6

# 室内软装饰设计
# 的原则与方法

学习目标

1. 系统认识室内软装饰设计原则。

2. 掌握多种软装饰设计方法。

3. 能够运用一定的美学手段和设计方式美化室内环境。

# 6.1　室内软装饰的美学原则

## 6.1.1　比例与尺度

　　软装饰设计中比例与尺度是需要设计师着重考虑的内容。任何美的事物，部分与整体以及部分与部分之间都要有恰当的比例与尺度关系。在设计领域，一般认为最协调的比例是"黄金比"。进行室内软装饰设计时，室内的陈设艺术按照1：0.618（黄金比例）的完美比例进行设计或布置是一个较为简单而又事半功倍的方法。后世又进一步出现了三分线比例❶、白银比例❷、青铜比例❸、斐波那契数列❹等各种不同的比例关系。比例是具有固定数据比的视觉形式，它的形式更为理性。尺度更多的是遵循人的生理结构与心理感知，不同场所内人们需要的空间尺度和心理感知是不同的。所以为了保持室内整体和谐，各种家具、陈设品必须以人的生理、心理尺度为基准，遵循一定的比例、尺寸进行设计和摆放（图6-1）。

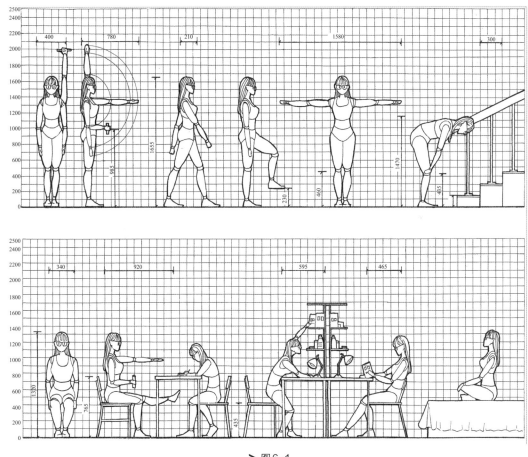

> 图6-1

❶ 三分线就是均匀地把长方形的长和宽切三段，每个方格都是一样大小。
❷ 白银比例$\sqrt{2}\approx1.414$。
❸ 青铜比例$\sqrt{3}\approx1.732$。
❹ 斐波那契数列1、1、2、3、5、8、13、21、34…从第三位开始，每一个数都由前两位相加得出。因这个数列的比例形式非常接近黄金比例，所以又称"黄金分割数列"。

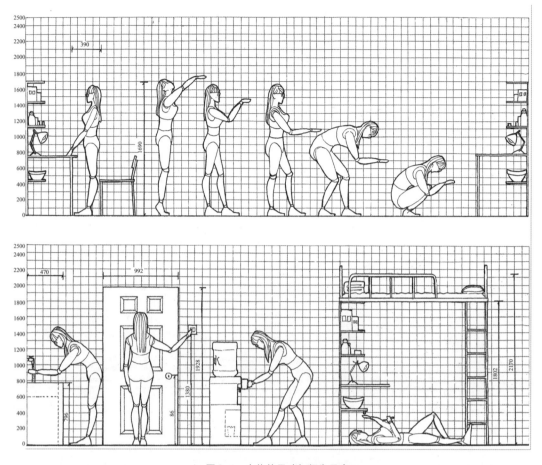

> 图6-1　人体的尺寸与行为尺度

　　一般室内软装饰设计中比例与尺度的应用要注意三点：一是软装中的物体与整体室内空间之间的尺度比例；二是单体与单体之间的尺度比例；三是软装饰物品本身的尺度比例。在实际设计过程中，大多数设计师会凭着自身对尺度的理解或感觉进行设计，并不一定要严格按照比例进行。只要软装物品与整体室内空间之间比例协调、尺度宜人即可。如图6-2是住宅一角，植物的摆放位置、装饰画的悬挂位置，以及书桌的长度和书桌下方副台的位置都有尺度与比例的考量，形成了一种和谐关系。根据当代人体工程学理论，所有与人相关的家居物品例如沙发、茶几、餐桌、餐椅等的尺度都有一个固定的数值区间。在这个区间内人们使用起来是舒适的，超越这个区间使用时可能就会引起不适感（图6-3）。

> 图6-2　精心布置的住宅一角

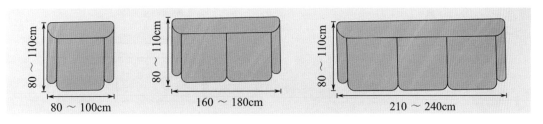

> 图6-3　常见沙发的尺寸

　　家居物品中，单体与单体之间也有适宜的搭配比例和摆放尺度。比如双人沙发或三人沙发所搭配的茶几类型、尺度都是不同的。这虽然和人们的使用方式有关系，但也要依据人体的生理尺度和心理感知来进行搭配（图6-4）。又如，在一般的室内软装饰设计中，电视通常是客厅的主角。它不仅是生活的必需品，更是室内的装饰品，是人们日常与外界沟通交流、获取信息和休闲娱乐的主要媒介。为了让使用者在观看时更舒适，就需要注意电视的尺寸与所在房间面积大小之间的关系，以及沙发等家具与电视之间的距离。适宜的视听距离应该是观看者视点距电视屏幕的距离保持在电视对角线的2.5倍左右（图6-5）。在这个区间内观看，观看者既不会感到疲劳，也不会出现看不清等问题。因此，设计师在为居住者确定电视大小时不应该以业主的购买力为标准，而应以空间面积为准则，这样选择的尺寸才能够让观看者更好地享受到电视带来的愉悦感（表6-1）。

## 双人沙发和贵妃椅

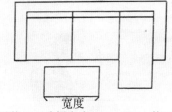

方形茶几：选择宽度 55 ～ 90cm 均可

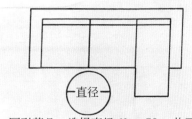

圆形茶几：选择直径 60 ～ 75cm 均可

## 双人沙发

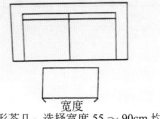

方形茶几：选择宽度 55 ～ 90cm 均可

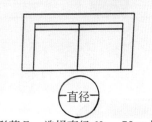

圆形茶几：选择直径 60 ～ 75cm 均可

> 图6-4

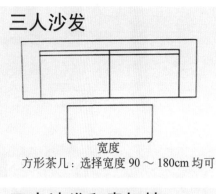

**三人沙发**

方形茶几：选择宽度 90 ~ 180cm 均可

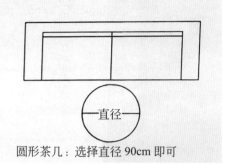

圆形茶几：选择直径 90cm 即可

**三人沙发和贵妃椅**

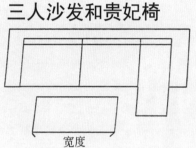

方形茶几：选择宽度 90 ~ 120cm 均可

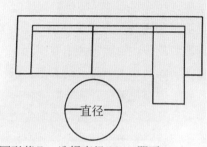

圆形茶几：选择直径 90cm 即可

> 图6-4　常见的沙发与茶几的尺寸及摆放组合

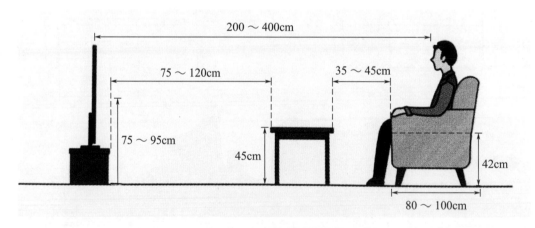

> 图6-5　沙发与电视的距离

表6-1　电视机尺寸、类型与观看者视听距离

| 电视机尺寸 | 类型 | 视听距离（推荐） |
|---|---|---|
| 32英寸 | 液晶（或等离子） | 2m |
| 37英寸 | 液晶（或等离子） | 2.4m |
| 40英寸 | 液晶（或等离子） | 2.5m |
| 42英寸 | 液晶（或等离子） | 2.7m |

续表

| 电视机尺寸 | 类型 | 视听距离（推荐） |
|---|---|---|
| 46英寸 | 液晶（或等离子） | 3m |
| 50英寸 | 液晶（或等离子） | 3.1 ~ 3.2m |
| 52英寸 | 液晶（或等离子） | 3.3m |

注：1英寸 = 2.54cm。

　　在室内软装饰设计中，除了要注意沙发、茶几、电视等大体量陈设、饰品的尺度与比例，小体量装饰品的比例关系也要考虑。如果没有关注到一些较小物品的比例和尺度关系，因其关系失调有可能拉低整个室内的协调度，从而因小失大。若小饰品比例尺度得当则会起到锦上添花的作用。以室内造景为例，单个插花艺术的比例要按照人的视觉感知搭配，例如一般按照花材是花器的1.6倍，或者花器是花材的1.6倍来进行布置，也可以采用1 ： 1等比进行配置，这样创作出来的插花比例协调、美观大方（图6-6）。

花材为花器的1.6倍　　　　　　花器为花材的1.6倍　　　　　　花材与花器1 ： 1

> 图6-6　插花比例

## 6.1.2　节奏与韵律

　　建筑是凝固的音乐。建筑如同优美的旋律，空间的节奏变换、韵律变化会产生一种非常高级的美。室内软装饰设计作为建筑的延续和细化，也需要节奏与韵律的营造。节奏与韵律可以表现在色彩方面。色彩的变化均是有规律可循的。色彩的综合运用本身就可以产生一定的节奏与韵律，例如色彩的渐变、不同色彩面积大小的对比等，只要有了变化，便会有节奏和韵律的产生。如苏州钟书阁天花板上悬挂带有花瓣图案的穿孔铝板，在光线的作用下，像图案一样的彩色光斑产生了一种律动的渐变，这种彩色金属的视觉效果如彩虹般朦胧而飘逸，营造出一个诗意般的环境（图6-7）。室内软装饰的节奏与韵律也可以表现在装饰物品形态、位置的变化上，装饰品排列的高低、凹凸（图6-8）、远近、参差、重复、对比、递进（图6-9）等都可以产生节奏感和韵律感。例如装饰画在墙壁上的位置，或对称布置，或以不同大小的形态沿中轴线布置，或重复并列地排列，都会产生不同的韵律感（图6-10）。无论是通过色彩、装饰物品还是灯光来制造节奏感和韵律感，在室内一般尽量不要使用过多的形式，否则会适得其反，不仅不会形成节奏和韵律，反而容易造成视觉混乱。

> 图6-7　苏州钟书阁室内

> 图6-8　室内饰品的凹凸排列

> 图6-9　室内饰品的渐变排列

> 图6-10　装饰画的排列方式

## 6.1.3　多样与统一

　　多样与统一是形式美的一种，重点在于两者相互共存中所碰撞出的火花。多样与统一并不是完全相互对立，在统一中也有多样性，在多样中也要把握统一性。过于统一会使整体风格显得很单调，但是完全的多样也会使视觉效果显得杂乱无章。所以统一是整体效果，而多样性则表现在细节方面。室内的整体风格与色调要统一，但是不同家居的色彩与质感要有所区别，比如都是木质家居，可以书柜是浅木色，而茶几为深木色，这样就出现了丰富的色彩层次，但要在一个统一的色调范围内。如采用色环中0～90度的邻近色作为室内软装饰的基础色调。这样的环境在视觉上较为统一和协调，但在协调中又富有变化。为了使室内环境更加醒目或热烈，就需要有一定的对比性，这时可以采用色环中90～135度范围内的对比色。图6-11是一间以色彩对比与统一为主色调的室内。厨房以红棕色为主体，为了调解室内氛围，避免过于沉闷，深绿色的墙面和厨台与深棕色的家具形成对比。不过棕色也有几个层次，如深棕色的餐桌、浅棕色的墙柜形成了一种层次对比。客厅中红棕色的地毯，浅绿色的布艺沙发，配以乳白色的地柜，整体的色彩关系非常多样，但在变化中又有统一。

> 图6-11　色调对比与统一的室内

### 6.1.4　直叙与情趣

　　直叙与情趣都是营造室内氛围常用的美学原则。以直叙的方式布置室内空间就如同小说中的单刀直入，没有铺垫，没有阻隔，直接实现最终目标。它可以产生一种一览无余、处变不惊的视觉效果。这样的室内环境一般视野较为开阔，且流线顺畅。例如在玄关的尽头放置一幅绘画或一个雕塑，使用者进门后便可直接映入眼帘（图6-12）。情趣是指营造空间的趣味。它是中国古典园林最常用的造景和造境的手法。通常是采用"隔""抑""曲"的方式来实现。这里的"隔""抑""曲"分别是指隔断、抑扬和曲折。中国传统园林最讲求曲径通幽

> 图6-12　平铺直叙的空间

和抑扬顿挫的空间美学，较少采用平铺直叙的营造手法。其目的就是要通过"格式随宜，栽培得致"的手法使一花一木皆有情趣。例如在很多室内软装饰中会借鉴园林的造境方式，通过屏风、花罩以及景墙等构件以欲擒故纵的手法来营造一种欲说还羞、千变万化的空间形态（图6-13）。在一些现代感较强的商业空间中，通常会使用彩色透明的格栅来分隔空间，既隔开了空间，也有视线的交流，形成了一种"抽刀断水水更流"的空间形式，于无形之中增加空间的情趣（图6-14）。另外，在一些软装饰品中通过别有韵味的雕刻、绘画以及特异的形态也可以营造富有趣味的微环境（图6-15）。

> 图6-13　有情趣的室内空间

> 图6-14　商业空间彩色玻璃隔断

> 图6-15　有趣味的微环境

# 6.2　室内软装饰的设计原则

## 6.2.1　功能与装饰相结合

　　室内软装饰是承载人在室内空间中活动的载体,其最基本的功能是满足人的使用需求。在软装饰的分类中,存在完全装饰性的类型,如艺术品,但占据绝大部分的软装饰是功能性与装饰性并存的(图6-16)。寻求二者之间的平衡以同时满足人的使用需求与审美需求是几千

年来一直存在的课题。以家具为例,不同类型的家具因承载活动的不同而在造型上存在着必然的差异,这些造型上的差异是不同功能的象征。即便为了装饰性而对某一家具的造型进行了加工与改造,但仍然很难改变其功能所决定的最基本的形态特征(图6-17)。附加在功能特征之上的装饰特征如果超出一定的程度范围,就极有可能引起功能部分性地牺牲,这在软装饰的设计与选用之中是需要权衡的。中国古代的家具,礼仪性的需求使得许多家具的舒适性存在很大的缺失,这

> 图6-16　功能性与装饰性统一的钟表

是时代的局限性造成的，但就最基本的功能而言是可以满足人的使用需求的。而古典家具的装饰性，从明清时期的家具就可窥见一斑。无论是明式家具优雅简练的线条美，还是清代中后期家具的华贵繁复，都以不同的手法和审美达到了同样的装饰目的。除了家具本身的功能性与装饰性之外，以其他类型的软装饰进行补充与辅助也是重要途径。织物与家具的联系十分紧密，丰富的色彩、纹样和柔软舒适的特性能在各个方面弥补家具的不足（图6-18）。现代家具在脱去礼仪需求的枷锁之后，在舒适性上有了巨大的提升。材质种类的增多、生产水平的极大进步，让家具功能更全面的同时也让一些造型奇异的设计得以实现。功能性是必不可少的，而装饰性也不容忽视，每一样软装饰在被设计时自然会对二者中的一者有不同程度的侧重。掌握单个软装饰功能性与装饰性的平衡，与调和空间内所有软装饰总的功能和装饰需求都是在设计中需要重视的问题。

> 图6-17　功能性与装饰性共存的家具

> 图6-18　织物家具

### 6.2.2　对称与均衡相结合

　　对称式的软装饰布局形式是传统软装设计常用的一种形式。它与古典建筑形式所营造的室内空间和功能分布一脉相承，相互适宜。然而在现代居室空间中，严谨的对称式布局有可能无法完整呈现。其一是因为现代居住建筑的室内空间形式与传统室内空间有着很大的不同。传统的院落式空间将功能分散开来，而现代建筑属于集合式空间，其功能空间几乎都是紧密相连的，由此形成的空间形式或因形状、或因大小等因素而很难与对称式布局相适宜。其二是因为严谨的对称式布局在古代象征着礼仪制度与等级观念，营造了庄严的空间氛围。在当今的社会背景下，封建礼制与等级制度显然已经成为历史，完全对称的形式所塑造的空间氛围与家庭成员间的关系不再合宜（图6-19）。除此之外，人对居室空间的期望是温馨、有活力的。这就需要引入均衡布局的手法，让对称式的布局更加富有变化以满足人们需求的变化。

　　均衡性的要求不局限于软装饰的布局与物品的陈列方面，色彩、材质、纹样、造型这些软装饰构成元素的配合同样需要考虑均衡性。如图6-20所示房间的设计整体上采用了对称的形式，但在细节上略有不同：后方墙壁两侧灯具壁灯与前面的台灯形成对比；沙发中间的抱枕在色相上也有所区别；左右两侧的茶几一方一圆，无论是材质还是上面放置的装饰品均有不同；从色彩上来说，房间整体以黄色调的灰色为主，以少量饱和度较高的红色地毯和绿色

> 图6-19　对称式空间布局

植物作为点缀。通过这样的变化让对称式的空间的氛围更加轻松，视觉效果更加多样，又不会因为过多的新元素使空间变得杂乱。如果一成不变会使对称式的空间显得僵化与死板，适度地变化一些元素则能给予空间更为丰富的层次感，相反，过度的变化则会使空间因失去主次而陷入混乱（图6-21）。在以对称为基础的前提下，把握变化的均衡性对于空间层次与氛围的塑造有着重要的意义。

> 图6-20　均衡式空间布局

> 图6-21　变化过度的室内空间

## 6.2.3　传统与现代相结合

　　生活方式的改变让一些传统家居饰品不再适应现代人的生活需要。正如古人由席地而坐逐渐演变为垂足而坐，家具也随之从低型转变为高型一样，随着时代的变迁，传统的家居饰

> 图6-22　传统与现代相融的家具与空间设计

品需要与时代相结合，以适应人们新的需求。新中式风格是在现代主义设计理念影响下，结合中国传统设计而诞生的新的设计风格。其特点是将传统的元素简化、符号化，并将传统空间布局理念运用于现代主义设计的风格。这是将传统与现代相结合的一种尝试。传统与现代的结合，既可以以现代作为基础，让传统向现代靠拢，也可以以传统作为基础，赋予传统事物以现代的新鲜内涵与特征。无论以二者中的哪一方作为出发点，都要避免传统设计被片面化与表象化。例如屏风、博古架以及架子床等是中国传统居室中十分常见的构件（图6-22），造型和装饰较为复杂。与现代相结合之后的屏风、博古架和架子床就需要因时而变，与现代美学相融，在保留原始框架结构的基础上，可以简化装饰与形态，以满足现代人的审美情趣。这样的改造设计赋予了家居饰品更多、更自由的装饰空间。再以室内空间的装饰举例，在平屋顶的现代楼房住宅中使用古代宫廷建筑的斗拱元素难免牵强附会。室内软装饰设计中，传统与现代的结合要以适宜性作为前提条件，生搬硬套的做法不仅不会形成良好的视觉效果，甚至会对人的使用造成不同程度的消极影响。

## 6.2.4　以人为本与可持续设计相结合

　　室内软装饰设计的最终服务对象是使用者。以人为本的设计理念是将人作为主体，要求设计的实用性与装饰性要以人的感受作为准则。在软装饰的材质越来越丰富多样、生产技术越来越发达的现代社会，人的需求在一定程度上被满足的同时又产生了更多的要求。在满足人最基本的生存与生活的需求后，可持续的设计概念被引入设计当中。可持续设计理念是可持续发展思想在设计领域的表现，就是在生态哲学的指导下，将设计行为纳入"社会—经济—环境—人类"的系统中，既实现社会价值，又保护自然环境，促进人与自然的共同繁荣，旨在平衡环境、社会和经济三方面的设计实践和设计管理。可持续设计将环境保护这一原则纳入设计理念当中，在满足人的需求的同时关注自然环境。就室内软装饰设计来说，从软装饰的生产、运输到使用，方方面面都与环境相关。不过度设计、就地取材、使用可降解或可再利用的材料、不过于频繁地更换等都属于可持续设计的方法（图6-23）。同时，可持续设计的思想也是中国古代"天人合一""道法自然"等尊重自然、顺应自然、利用自然的自然观在现代设计中的继承（图6-24）。自然是人类赖以生存的根本与依托，以人为本与可持续设计的理念是从人与自然关系的角度出发，来探讨人类在当代，乃至未来如何能够更舒适、更健康、更有尊严地生活。

> 图6-23　使用自然材质的室内空间　　　　> 图6-24　道法自然的室内空间

# 6.3　室内软装饰的设计方法

　　室内软装饰设计从人的视觉与心理感知出发，以视觉元素作为主要的设计对象，并以其他感知元素作为重要的辅助。这样的设计方法能够从多个角度阐释空间，营造完整的空间氛围，充分表达设计者想要传达的信息。

## 6.3.1　感官元素的运用

　　室内软装饰的感官元素是指在设计中要从人的居住体验和居住感受出发，通过视觉、触觉、听觉、味觉等方面全方位设计，来呈现环境对人的关爱。与现代软装饰设计相关的感官元素中，最常用到的是视觉元素。视觉是人们获取信息最主要的途径。正因如此，视觉元素的塑造与运用在现代室内空间中占据着十分重要的地位，成为室内软装饰设计的重点。在软装饰感知构成的有形元素中，色彩、纹样、造型都蕴含着丰富的视觉信息（图6-25）。色彩与纹样是具有极强装饰性的元素，这样的元素在古代是具有丰富内涵与精神信息的，因此二者的运用除了起到装饰的作用之外，更能够表达其背后所蕴含的历史与文化。例如在现代中式风格的软装饰设计中，室内的主色调通常是以黄色和红色等暖色调为主。在细节设计方面，房间的地毯、沙发靠垫、背景墙经常

> 图6-25　室内软装饰中的感官元素

借用一些中国传统的动物、植物纹样或传统绘画，通过这些图式语汇来传达出空间的品格和居住者的志趣（图6-26）。室内的灯具也采用传统的灯笼的造型，通过传统元素的运用，为人们带来了直观的传统文化感受。从这一点来看，视觉感官元素作为视觉信息的载体，不仅能够给居室营造一种装饰美，更能在深层次上表现出软装饰的功能价值、审美特征以及文化内涵等。

> 图6-26　现代中式风格的室内软装饰

除了视觉元素之外，触觉元素的运用也是软装饰设计中重要的手法。触觉元素主要体现在软装饰的材质方面。有时为了营造某种富有野趣的空间氛围，在室内软装饰设计中，设计师经常会选用一些天然的石材、木材、藤蔓和质地较为粗糙的织物来烘托质朴的空间氛围（图6-27）。材质带来的触觉信息包含温度、湿度、硬度、光滑度、延展度等，这些信息综合起来构成了人对材质的认知，并与记忆或期望中的信息形成对比，最后带来熟悉的感受或新鲜的体验。

> 图6-27　粗糙材质的室内空间

听觉元素与嗅觉元素在以往是室内软装饰中较为不常用的元素，味觉元素更甚。这些元素虽然不是软装饰设计中的重点内容，但往往能起到画龙点睛的关键作用。如山水盆景中的水流声、植物花卉散发的清香、木质家具的质感、熏香的气味等，都能为室内软装饰从另外的角度营造出层次感和韵味感。正因如此，听觉、嗅觉、味觉等软装元素开始受到当代人的青睐，诸如在室内燃上一柱桂花香，顿时满屋芬芳，如坐桂花树下。无论是独自静坐、读书，抑或是邀三两好友煮雪烹茶、对弈品茗，都是一件惬意的事（图6-28）。

> 图6-28  香插

## 6.3.2  空间的构建

多种室内软装饰相互组合形成的空间形式与人的感知、体验有着密切的关系。设计师应从使用者的角度出发，根据人活动所需要的功能空间，串连出可能产生的交通流线，在此基础上形成有目的性的空间组合形式。现代室内空间的营造不仅要从视觉、听觉、触觉、嗅觉、味觉的角度进行设计，更要将具体的、有参与性的活动融入空间当中。以空间形式作为人使用及感受活动的指引与向导，从而有目的地引发相应的人的行为。

现代的室内空间受集合式建筑空间形态的限制，在空间布局上较为平淡。如同诗歌里的平铺直叙一样，缺少一定的韵味和情趣。为了营造室内空间的韵味，增加室内空间的情趣，在现代室内空间设计中可以适当借用传统的空间形式，包括具有中国传统文化特征的空间格局，如抑扬式、错置式或步移景异式的园林空间布局，在有限的空间内创造具有无限变化的丰富空间形式（图6-29）。

> 图6-29  变化丰富的空间形式

　　具有较为独特功能的空间，如茶室、餐厅等，常用流动性强、易于变化的空间分隔方式来营造空间（图6-30）。这些空间形式的运用，从空间功能与特定活动、交通流线的布置、空间与空间之间的关系等方面，共同塑造了具有参与性和感知性的室内空间。众所周知，空间形式的感知是由软装饰的布局决定的，而空间的功能也是由特定功能性软装饰集合所呈现出来的。因此空间形式由软装饰的组合构建而成，其中以家具为主要组件。每一样家具都是某一功能的代表，如罩、屏风、博古架、帷幔、桌椅等。这些家具相互之间组合可以构成不完全分隔、象征性分隔、弹性分隔等流动性强、灵活性强、景致多重的空间（图6-31）。在功能确定的基础上，通过布局与相应的交通流线可以体现出功能背后的文化特征。如图6-32所示，对称式的布局象征着秩序与庄重，置于房间主要交通流线处的屏风、隔断让人无法以笔直的流线抵达更深处的室内空间，从而构成了一种欲遮未遮、欲扬先抑、层次分明的室内软装饰格局。

> 图6-30　灵活的空间形式

> 图6-31　具有多重景致的空间

> 图6-32　层次分明的室内空间

### 6.3.3 意境的营造

　　室内软装饰并不仅仅是物质性空间的设计，更主要的是精神性空间的营造，即意境的营造。我们在本书的第一章提出室内软装饰设计就如同君子之修身一样，要内外兼修、秀外慧中。就此而言，在某种程度上对室内意境的追求甚至要大于对室内物质性空间的追求。众所周知，意境属于精神性空间的范畴。为了体现空间的精神性，无论是新古典风格还是现代风格，其首要的都是隐含在设计中的人文内涵。从物质决定意识的角度来讲，意境营造建立在感官元素与空间形式运用的基础上。这二者所塑造的空间的丰富性、明确性、层次性以及表现力决定了空间意境营造的完整性。造景和摆放特定的物品可以对空间意境的营造有所助益，如在室内的转角处放置一些植物、雕塑或摆放一些工艺品即可营造出有意境的空间形式（图6-33）。意境的营造除了通过造景或摆设工艺品的方式之外，也通常采用借助自然环境的方法来实现，比如在室内空间通过借景的方法把自然元素引入室内，构建一种"采菊东篱下，悠然见南山"的诗意空间。这是中国古典园林常用的空间营建手法。这种营造方式一方面可以通过天井、门窗等洞口将室外的景观引入室内空间当中，可以是自然景观，也可以是人为设计的景观（图6-34）；另一方面在室内空间放置盆栽植物，设置旱景，使用大面积自然风景绘画等也能营造一种"闲来无事不从容，睡觉东窗日已红。万物静观皆自得，四时佳兴与人同"的闲适的空间意境（图6-35）。

> 图6-33 有意境的空间

> 图6-34 引入自然景观的空间

> 图6-35 意境闲适的空间

意境营造对于空间感知性、体验性的营造来说仅是其中一方面，是对感知主体的使用者而言的。而意境的营造需要由两个主体，即设计师与使用者共同完成。设计师在室内空间中营造的意境对使用者起到引导行为、诱导思维的作用，由表及里地对使用者产生影响，从而形成完整的、表里兼备的空间。

## 拓展阅读

尤呢呢，《装修常用数据手册》

唐纳德·A.诺曼，《情感化设计》

## 思考与练习

如何借助软装饰品营造有灵性的空间？

# 室内软装饰设计
# 课题案例分析

# 7

## 学习目标

1. 通过解读优秀设计案例，对室内软装饰设计流程有清晰的认识。

2. 掌握场地分析、功能布局、色彩运用、材质选择、意境营造的能力。

3. 能够将传统优秀文化与现代室内软装饰相结合，博采众长、善古融新。

# 7.1　新中式风格室内软装饰设计分析

## 7.1.1　项目简介与功能分析

　　本节案例以传统四合院空间作为设计对象展开室内软装饰设计探讨。四合院式的空间古往今来都扮演着住宅的角色，但随着时代的发展，四合院也被赋予了越来越多的新功能，发展成为办公空间、展览空间、餐饮空间等。本住宅的主人是一位艺术家，所以该设计将主题设定为艺术家的日常起居与工作室。

　　根据艺术家的不同需求，将室内空间进行多种功能的排布，整体平面图如图7-1所示。

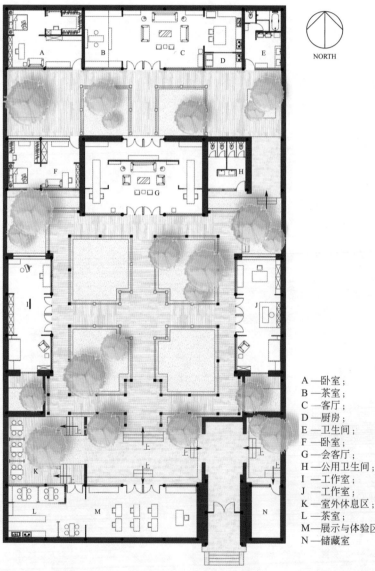

A—卧室；
B—茶室；
C—客厅；
D—厨房；
E—卫生间；
F—卧室；
G—会客厅；
H—公用卫生间；
I—工作室；
J—工作室；
K—室外休息区；
L—茶室；
M—展示与体验区；
N—储藏室

> 图7-1　整体平面图

设计：马珊　指导教师：陈高明

起居类空间包含卧室、客厅、茶室、厨房、卫生间；工作类包含工作室、储藏室；会客与展示类包含会客厅、展示与体验区、室外休息区、公用卫生间（图7-2）。

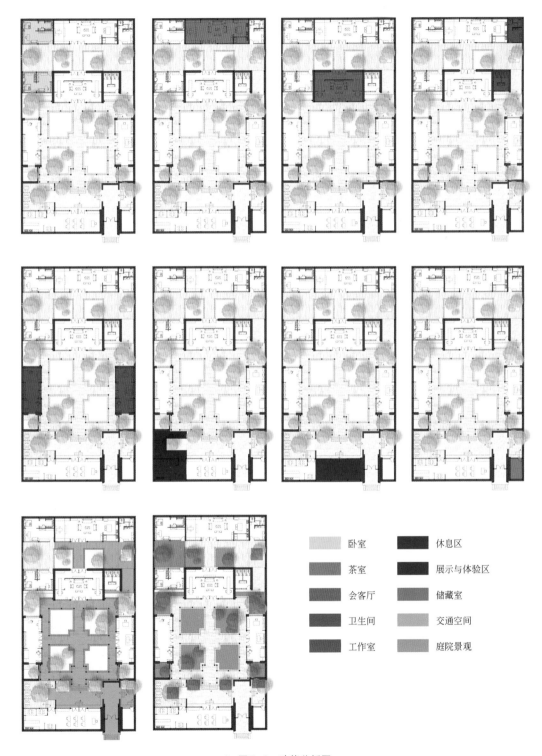

> 图7-2　功能分析图

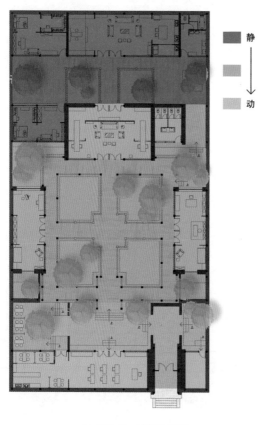

静

↓

动

> 图7-3　动静分析图

由于整个四合院包含的功能较多，而使用者的需求也并不单一，因此在设计中要保证起居空间的私密性，最大限度地将其与会客、展示空间分开。在本设计中，将卧室、茶室、客厅、厨房、自用卫生间设置在后罩房和西侧耳房中，其中把耳房的入口改为面向后院，将日常生活起居所需的功能集中在了后院当中。同时，为了方便艺术家的工作，除了保留原有的连接后院与庭院的交通空间外，在正房的北墙开门，形成了类似于"前堂后寝"的空间形式，更便于会客。正房与东西厢房是主要的会客展示区和工作区，东西厢房均为工作室，并将耳房改造成为独立的小庭院，供主人休息。正房是会客与展示空间，供艺术家与朋友聚会聊天。前院西侧的倒座房是展示与休息空间。整体院落空间由内及外，功能由静到动，整体的私密性逐渐减弱。

从起居类空间到中性的工作空间，再到面向朋友、客人的展示空间，从静态到动态逐渐转变（图7-3）。单独的室内空间同样也有动静分区，居住空间，如后罩房的卧室，外侧为动态的活动空间，内侧为静态的休息空间；客厅为动空间，茶室为静空间；会客厅展示空间与会客空间为动空间，两侧聊天室与后侧为静空间；工作室的工作区为动态空间，休息区为静态空间（图7-4）。

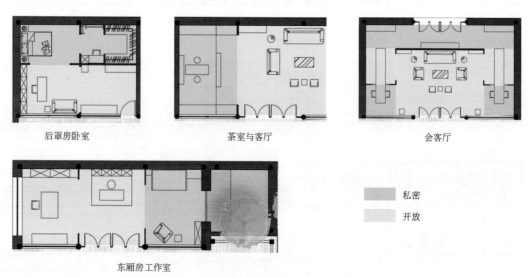

后罩房卧室　　　　　　　　茶室与客厅　　　　　　　　会客厅

东厢房工作室

私密

开放

> 图7-4　室内空间动静分析图

## 7.1.2　新中式风格室内软装饰设计方案

本设计针对四种功能类型的空间进行软装饰设计，包含卧室、茶室、工作室的工作区与休息区、会客厅。

卧室是私密性较强的空间，因此其礼仪性较弱而自由度较高。在卧室的设计中采用了局部对称的空间形式，用罩象征性地分隔空间，对功能加以区分。木构架的房屋结构是中国古建筑的鲜明特征，在室内设计中将这一特点保留，并用色彩更加明艳的木材进行强调。设计中采用了三种不同的木材来表现空间的结构与功能的划分，富有变化，但不杂乱。在织物色彩的选择上，选择了纯度高的蓝色，与整体空间的棕黄色系形成了鲜明的对比。木色系活动空间与蓝色系休息空间，不仅通过罩来分隔，也通过颜色的明显变化区分出来。卧室空间中采用的主要材料为木材、砖材、棉麻织物、丝织物，均为中国传统的材质。冷硬的砖材通过铺设柔软的地毯加以中和。家具的造型选用了较为简洁的形式，如床、桌椅、沙发，均是在传统家具造型的基础上简化而来的。纹样的选择多为植物纹样，以梅花为主，同时也有花鸟纹样与几何纹样。色彩、造型、材质、纹样的运用赋予卧室空间丰富的视觉与触觉信息，空间内外的植物在拉近人与自然距离的同时也释放出了嗅觉信息，局部对称、自由度高的空间形式与象征性的空间分隔为空间带来了具有中式特征的独特性（图7-5）。

平面　　　　色彩　　　　材质　　　　纹样

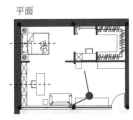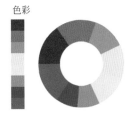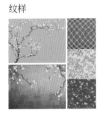

> 图7-5　后罩房卧室效果图与色彩、材质、纹样分析

　　茶室是东方文化中特有的功能空间。在设计中采用了对称的布局形式，茶室与客厅之间用罩进行象征性分隔。色彩以黑色、灰色、白色、蓝色和多种木色为主，其中蓝色与部分木色的饱和度较高，能够起到突出重点空间、传达空间风格的作用。茶室的主要材质为多种木材、砖材和棉麻织物。不同的木材分别起着不同的作用，如支撑房屋结构、分隔室内外空间、分隔室内空间等。从砖材到木材的转变与平面高度的变化，将饮茶区域再一次进行了分隔。家具的造型选用了低型家具，通过人重心的降低与坐姿的改变让空间更有体验性。从客厅的沙发到茶室的藤质坐垫，是生活方式的转变。茶室选用的纹样主要是植物纹样，如银杏叶、缠枝花鸟纹样，也有灯具上简化的云纹。品茶是风雅的活动，其意境的营造与自然是分不开的，为了尽可能地与自然环境产生联系，除了在墙面使用植物纹样外，室外空间种植的树木和室内的盆栽、盆景植物也能够起到辅助的作用（图7-6）。

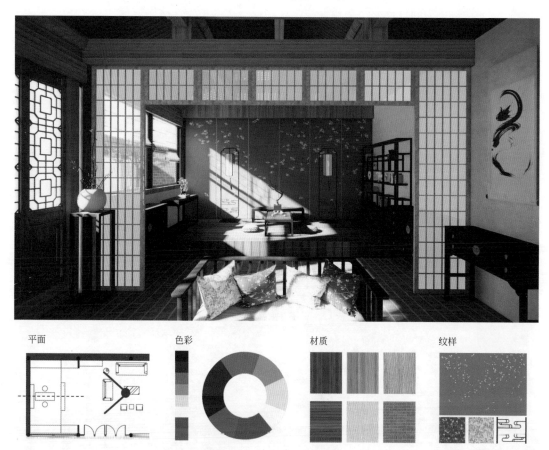

平面　　　　　色彩　　　　　材质　　　　　纹样

> 图7-6　后罩房茶室效果图与色彩、材质、纹样分析

　　工作室的类型是办公空间，既要有工作区域，又要有休息区域。工作区用罩分为两部分，正对大门的区域采用对称布局，北侧区域的空间形式则更加自由。从色彩方面来说，除了木色之外，还使用了饱和度较低的蓝色来营造水墨画的风格。工作区域的主要材质有木材、砖材和石材。白色带有纹理的大理石能够起到装饰作用，同时突出中心的山水图案。两个办公区域分别使用了高型和低型家具，可以根据使用者在不同情况下的需求而选择使用。工作区域的墙饰主要纹样为山水、地毯的植物纹样和靠垫上几何化的植物纹样。所选择的纹样都不

是复杂的类型，能够装饰空间但不过多转移艺术家的注意力，同时具有自然意味的纹样能够让人更加贴近自然，精神得到放松（图7-7）。

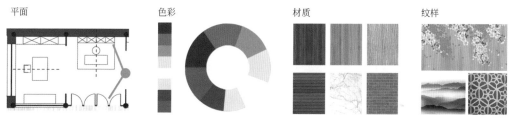

> 图7-7  东厢房工作室工作区域效果图与色彩、材质、纹样分析

　　休息区域分为室内和室外庭院两部分。承担休息功能的空间的自由度更高，空间形式更加随意。在东墙布置榻，既有坐的功能，又有卧的功能，西侧窗下放置单人沙发、小方几和书柜，可以让艺术家读书、放松。休息区使用饱和度较低的色彩，仅在靠垫等小型的软装饰上使用高饱和度的蓝色。从材质上来说，仍以木材、砖材为主，室外的小庭院还是用石子铺地和大面积的石材作为墙面，更有自然意趣。花鸟纹样是休息区的主要纹样，除了织物上采用花鸟纹样外，墙壁上的一组挂画也是以花鸟为主题的（图7-8）。

　　北房的会客厅兼具展示、会客、聊天的功能，同时也是通往后院居住区的过渡空间。会客厅的空间形式为严格的对称形式，中间为会客区，左右两侧分别有展示空间和小型的聊天空间。会客区域的主要色彩选用暖色调的米色，两侧和后方为冷色调，象征着空间和功能的转变，由开放空间逐渐转向私密空间。主要的材质有木材、砖材、棉麻织物，会客区的茶几选用的木材未经过多的加工，木材原有的纹路和色泽得以保留，很有自然意趣。设计中采用了大面积的云、鹤主题的纹样作为主要的背景装饰，也有植物纹样和山水图案的应用。对称的布局形式、传统动植物纹样、木材砖材、盆景植物和室外植物的使用，将视觉、嗅觉、触觉等信息传达给使用者，让具有新功能的传统室内空间仍保留中式的风格（图7-9）。

> 图7-8　东厢房工作室休息区域效果图与色彩、材质、纹样分析

> 图7-9　北房会客厅效果图与色彩、材质、纹样分析

# 7.2　现代风格室内软装饰设计分析

## 7.2.1　设计项目简介与功能分析

　　本设计案例为民宿设计，地址位于历史文化名村西井峪。该地区依山傍水，景色宜人，自然资源丰富。当地的村落民居因石而生，村民都生活在由片石垒砌的石头屋、石头院、石头巷里，所以该村又被称为石头村。

　　作为民宿室内软装饰设计，要注重以下几个方面：① 修补历史记忆，用设计突出当地特色；② 根植于乡土，挖掘当地建筑与民居特色，使用建构等设计思路与手法，更新民宿体验；③ 在保留传统民居特色的基础上，重点对室内品质进行提升，营造更为宜人的室内软装饰环境，使游客在居住中的舒适度得到提高；④ 在民宿中添加当地生活体验空间，与文化体验相结合。

　　从这一方面来说，民宿的室内软装饰设计要充分结合当地的风土人情，通过设计使西井峪的历史文化价值得以展现，室内软装饰设计要与当地生活方式相呼应，让游客充分体验石头村生活特色。在空间的处理中加入构筑物，增加活动空间的趣味性。在餐饮的公共空间，保留民居木结构，并使其与浅木色桌椅呼应。设计竹笼形的灯具，结合当地的草编艺术特点，在空间中形成丰富的光影效果。对于客房的设计，结合当地的土炕类型，采用混凝土设计"炕"的高低空间。当地旅游价值丰富，民居特色鲜明，民宿设计有利于充分开发其旅游价值，让人们真实体验古朴的乡村风格（图7-10）。

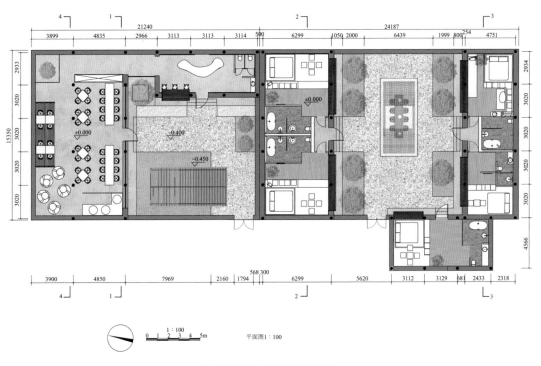

> 图7-10　室内空间平面图
设计：崔璨　　指导教师：陈高明

### 7.2.2　功能设计方案

两个院落是分开的，主要是为了使公共的接待区域与私密的客房区域互不干扰，保证游客在居住时的舒适、安静。进入餐厅有两种路线，一种是直接从院落进入，另一种是进入接待区后，再由接待区与餐厅相接的玻璃连廊进入。方案中设置了4人或多人的餐桌座椅，主要考虑的是来乡村旅游的人群大多是住在周围城市中周末来此休闲的市民，大多是一家人，人数在3~5人。在设计风格上也体现了与自然元素的融合。

在客房区域，一共有5个客房，并且针对不同的使用人群需求所划分的客房大小不同，基本均有沙发、土炕、卫生间的配置。在客房的院落中，为了保证人们公共性与私密性的需求，设计了一处构筑物，里面布置的座椅也可以满足人们在室外的交流娱乐需求。

### 7.2.3　现代风格室内软装饰设计方案

石头堆砌出的粗糙古朴的质感是山村民居的重要特征。为体现其特色，在室内一些个别区域对此进行保留，与白色的墙面形成粗糙与细腻的强烈对比。

接待区较为简单，整体墙面设计为白色，空间明快大方。室内主要放置了一个接待台，由于当地的页岩较多，借鉴了页岩层层叠叠的造型设计了接待台。深木色的颜色在白色室内十分突出，与室内的木结构框架相互呼应，整体空间的黑白灰层次分明。在接待台上也有小型的艺术装饰摆件，使整体的空间更为活泼（图7-11）。

在餐饮区设计的软装饰主要有桌椅家具、灯具、植物造景、公共区域的懒人沙发等，可以结合当地的房屋结构材质，采用原木色的中式桌椅。当地的草编十分具有特色，也是当地的一种民间艺术，所以在设计中，从灯具细节体现出当地的工艺特点。灯具选用的是竹条造型的，流线型的编造方式非常符合室内温馨舒适的气氛，灯光通过竹条的裁剪，光影效果十分丰富（图7-12）。

> 图7-11　接待区　　　　　　　　> 图7-12　餐厅

在餐厅的里侧，将原有的户外空间进行改造，顶部加了玻璃窗，采用天光照明的方法。在这里，角落处也有一处植物造景，即在游客从接待区室内玻璃走廊进入餐厅的视线转折处放置了乔木，既可以吸引视线，也可以起柔化空间的作用。

在客房内部，5处客房设计风格基本相近，里面的家居质感、色彩也基本相同，色调风格统一，以下挑几处软装饰的局部进行重点说明。

首先是客房的卫生间设计。为了让游客真正体验到"石头村"的魅力，在卫生间大胆地保留了原有石头堆砌的墙壁材质，一种粗糙而又大胆的材质会让整个空间充满更加古朴的乡村气息，地面为了贴合整体的石头质感和防滑的要求，也采用了粗糙的石块拼接的方式（图7-13）。

将客房的内部墙壁部分区域裸露出石头的墙面，并且配合槽内局部照明，增加室内色彩丰富程度。室内采用清水混凝土的家居风格，运用了土炕的形式，将沙发与炕连为

> 图7-13　客房卫生间

一体，将边角做圆滑处理，使粗糙冰冷的混凝土放置在室内也给人一种更加温和而朴素的感受。在上面也放置了床铺、靠背软垫、小桌子等，使游客更为舒适的同时也希望游客能够体验到北方民居里土炕的使用感受。另外，在室内的角落处也有花瓶、枯枝等装饰物，为室内氛围的营造起到画龙点睛的作用（图7-14、图7-15）。

> 图7-14　客房一

> 图7-15　客房二

室内的照明采用的均是局部照明，顶部将天花板侧面照亮，灯光既有勾勒房屋结构也有提升整体空间亮度的作用。其他区域也采用了射灯与吊灯照明，营造一种安静而温馨的卧室氛围。整体民宿的色彩设计舒适宜人，黑白灰层次分明，主要以深色、浅色木材与白色墙面的对比，突出乡村的古朴气质（图7-16）。在室内的家具设计方面，餐椅采用新古典主义风格，把中国传统的明式圈椅与现代设计相结合，将传统基因寓于现代设计之内，构建一种善古融新的形式。材质的选择上，以浅黄的原木色为主，体现一种自然质朴的格调。客房内的休闲沙发以布艺为主，饰面为浅灰色的亚麻或苎麻材料，与当地的石头材质相呼应，内部填充高弹性的聚氨酯泡沫，人坐下去时可以陷入其中，增加了柔软性和舒适性（图7-17）。

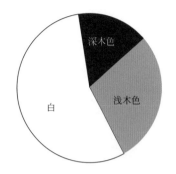

通过高饱和度的色彩处理，将深色木材与浅色木材混合搭配，并与白色墙壁形成对比，营造不同的界面效果。

> 图7-16　室内色彩分析

> 图7-17　家具设计

[1]    刘敦桢. 中国古代建筑史[M]. 北京：中国建筑工业出版社，1984.

[2]    陈志华. 外国建筑史[M]. 北京：中国建筑工业出版社，1996.

[3]    朱小平. 欧洲建筑与装饰艺术[M]. 天津：天津人民美术出版社，2002.

[4]    潘吾华. 室内陈设艺术设计[M]. 北京：中国建筑工业出版社，1999.

[5]    张绮曼，郑曙旸. 室内设计资料集[M]. 北京：中国建筑工业出版社，1991.

[6]    郑曙旸. 环境艺术设计[M]. 北京：中国建筑工业出版社，2007.

[7]    沈福煦. 中国古代建筑文化史[M]. 上海：上海古籍出版社，2001.

[8]    王受之. 世界现代建筑史[M]. 北京：中国建筑工业出版社，2012.

[9]    陈高明. 现代设计的风格与流派[M]. 天津：天津大学出版社，2021.

[10]   陈高明. 城市艺术设计[M]. 南京：江苏科技出版社，2014.

[11]   格罗塞. 艺术的起源[M]. 蔡慕晖，译. 北京：商务印书馆. 1984.

[12]   戴玉婷. 回归自然理念下的当代室内环境设计策略方法[J]. 建筑与文化，2022（12）.

[13]   胡秀峰. 回归自然理念下的室内设计[J]. 宁波大学学报（理工版），2008，21（3）.

[14]   胡波，郭洪武，刘冠，等. 科技木在现代室内装饰中的应用[J]. 家具与室内装饰，2012（4）.

[15]   张明，姚喆，沈娅. 室内陈设设计[M]. 北京：化学工业出版社，2017.

[16]   谷彦彬，张守江. 现代室内设计原理[M]. 呼和浩特：内蒙古大学出版社，1999.

[17]   邵龙，李桂文，朱逊. 室内空间环境设计原理[M]. 北京：中国建筑工业出版社，2004.

[18]   朱家溍. 明清室内陈设[M]. 北京：紫禁城出版社，2017.

[19]   杨祥民. 中国传统造物设计美学思想探析——以礼仪性精神为论述中心[J]. 艺术探索，2019，33（07）.

[20]   吴山. 中国纹样全集·宋元明清卷[M]. 济南：山东美术出版社，2009.

[21]   王骞. 古代家具的发展在传统绘画上的体现[D]. 杭州：中国美术学院，2012.

[22]   李渔. 闲情偶寄图说[M]. 王连海，注释. 济南：山东画报出版社，2021.

[23]   文震亨. 长物志图说[M]. 海军，田君，注释. 济南：山东画报出版社，2021.

[24]  王佩环 . 中国古代室内设计风格变迁中国古代室内设计初探 [D]. 武汉：武汉理工大学，2005.

[25]  吴桐 . 中国当代室内设计中的传统纹样 [J]. 书画世界，2018（4）.

[26]  姜鹏 . 传统建筑元素在现代室内设计中的运用研究 [J]. 工业设计，2019（2）.

[27]  谷葳 . 从文化角度探析中国室内设计的发展 [D]. 天津：天津大学，2011.

[28]  刘鑫 . 中国古代审美空间的建构研究 [D]. 西安：陕西师范大学，2015.

[29]  丁俊清 . 中国居住文化 [M]. 上海：同济大学出版社，1997.

[30]  杜朴，文以诚 . 中国艺术与文化 [M]. 北京：北京联合出版公司，2014.

[31]  翟睿 . 中国秦汉时期室内空间营造研究 [D]. 北京：中国艺术研究院，2009.

[32]  张晓霞 . 中国古代植物装饰纹样发展源流 [D]. 苏州：苏州大学，2006.

[33]  张天爽，李军 . 论古代中式家具发展的阶段性及特点 [J]. 设计，2015（9）.

[34]  莫劲萍 . 论我国园林园景命名与匾额楹联艺术 [J]. 现代园艺，2018（24）.

[35]  龚乾 . 中国古代礼制陈设的设计思想研究 [J]. 设计艺术研究，2018，8（3）.

[36]  吴家骅 . 环境设计史纲 [M]. 重庆：重庆大学出版社，2002.